W0322644

NICHTEUKLIDISCHE GEOMETRIE

In Erinnerung an meinen Vater, Vicenç und Montserrat

NICHTEUKLIDISCHE GEOMETRIE

VON DER GERADEN ZUR KRÜMMUNG

JOAN GÓMEZ

Librero

Die Originalausgabe erschien 2010 unter dem Titel: *Cuando las rectas se vuelven curvas. Las geometrías no euclideas*

© 2017 Librero IBP (für die deutschsprachige Ausgabe)
Postbus 72, 5330 AB Kerkdriel, Niederlande

Text © 2010 Joan Gómez
© 2010 RBA Contenidos Editoriales y Audiovisuales S.A.U

Bildnachweis Innenseiten: Age-fotostock: 12, 97, 119, 123, 125a; Aisa: 26, 37a; Album: 74, 120; Album-Akg: 17, 37b, 39, 57, 68a, 116; Archives RBA: 36, 56, 126, 127a, b, c und d, 129; Google™ Earth: 113; Istockphoto: 125b, 128a und b, 130; Joan Gómez: 61; Jos Leys: 62a und b, 63, 64a, 94, 95, 96, 98, 100, 101, 105, 106, 108, 109a, 110a und b; M. C. Escher: 67; Meteosat: 134a, b und c; Nosisoto: 68b und c; Tatar Museum: 53

Bildnachweis Umschlag:
Formeln © iStockphoto.com/Suljo
mathematische Figuren © iStockphoto.com/mustafahacalaki
Affensattel: Wikimedia Commons

Produktion der deutschsprachigen Ausgabe:
Tanja Timmerman vertaling & redactie
Übersetzung: Judith Muhr
Satz: Elixyz Desk Top Publishing

Printed in Slovenia

ISBN: 978-90-8998-813-3

Alle Rechte vorbehalten. Kein Teil des Werkes darf in irgendeiner Form (durch Fotografie, Mikrofilm oder ein anderes Verfahren) ohne schriftliche Genehmigung des Verlages reproduziert oder unter Verwendung elektronischer Systeme verarbeitet, vervielfältigt oder verbreitet werden.

Bei der Zusammenstellung der Texte und Abbildungen wurde mit größter Sorgfalt vorgegangen. Trotzdem können Fehler nicht vollständig ausgeschlossen werden. Verlag und Autor können für fehlerhafte Angaben und deren Folgen weder juristische noch irgendeine Haftung übernehmen. Für Verbesserungsvorschläge und Hinweise auf Fehler sind Verlag und Autor dankbar.

Inhalt

Vorwort

Es gibt keine revolutionärere Bewegung in der gesamten Geschichte der Wissenschaft als die Entwicklung der nichteuklidischen Geometrie, eine Bewegung, die den Glauben, Euklid hätte eine ewige Wahrheit ausgedrückt, bis in seine Fundamente erschüttert hat.
Edward Kasner und James Newman
(*Mathematics and Imagination,* 1941)

Unser Gehirn ist voll von geometrischen Vorstellungen, weil wir diesen Zweig der Mathematik ständig in allen möglichen Bereichen unseres Alltags anwenden. Diese Vorstellungen gehören zu der sogenannten „klassischen" oder „euklidischen" Geometrie, aber es gibt auch Geometrien, die ganz anders funktionieren als die, die man uns in der Schule beigebracht hat. Mit diesem Buch werden Sie nicht nur mehr über diese unkonventionellen Geometrien erfahren, sondern auch lernen, dass die Realität sehr viel umfassender ist, als wir angenommen haben, nicht nur im Hinblick auf die Natur, sondern auch auf die mathematischen Werkzeuge, mit der wir sie messen.

Die folgenden Seiten beschreiben andere Denkweisen und Anwendungsmöglichkeiten der Geometrie, als diejenigen, die fest in unserem Alltagsleben verankert sind und die in Übereinstimmung mit der euklidischen Geometrie funktionieren. Von den neueren Geometrien wird gelegentlich behauptet, sie seien nur für die großen Geister von Nutzen, die sie vorgeschlagen haben, aber in späteren Kapiteln werden ihre Grundlagen vorgestellt – so klar und verständlich wie möglich.

Die vielleicht einfachste Methode, neue Welten kennenzulernen, ist es, ihre Präsenz in gut zugänglichen und offensichtlichen Bereichen des Alltagslebens zu betrachten. Die Reise beginnt deshalb mit einer kurzen Taxifahrt. Dabei geht es um eine Geometrie, die auf der sogenannten „Minkowski-Distanz" basiert, einem Konzept, das sich von unserem üblichen Verständnis der „Distanz" unterscheidet. Wir wollen natürlich in ferne, exotische Länder reisen, aber wir müssen ganz vorne beginnen. Wir werden uns noch einmal mit Euklid beschäftigen, um die wichtigsten Elemente der Geometrie für den Alltagsgebrauch aus erster Hand zu erleben. Anschließend können wir uns mit Dingen wie dem „fünften Postulat" oder dem „Problem der parallelen Linien" beschäftigen, aus denen sich die neuen Geometrien entwickelt haben, an denen wir so interessiert sind.

Ausgestattet mit den besten Werkzeugen der Mathematiktheorie werden wir dann das umfangreiche Gebiet der neuen Geometrien betreten. Der erste Schritt wird eine erste Annäherung sein, damit wir erkennen, wo genau dieses Land liegt. Wir betrachten die Versuche, das fünfte Postulat zu beweisen. Erst im 18. Jahrhundert wurden die Lehren des Meisters Euklid, jahrhundertelang unangefochten, von den hervorragendsten Mathematikern dieser Zeit in Frage gestellt.

Bereits die vergeblichen Versuche, das fünfte Postulat zu beweisen, begannen damit, die scheinbar unerschütterliche Natur der herkömmlichen Geometrie bröckeln zu lassen. An dieser Stelle kamen einige der aufregendsten Persönlichkeiten in der Geschichte der Mathematik ins Spiel. Die Geschichte der alternativen Interpretation des fünften Postulats ist durch Verwirrung und Genialität gleichermaßen gekennzeichnet. Die Figuren in dieser Geschichte gehören zu den bekanntesten Namen aus der Welt der Mathematik: Lobatschewski, Bolyai, Gauß, Riemann usw. Wir werden die überraschenden Ergebnisse der ersten der neuen Geometrien neu betrachten, die auch als die hyperbolische Geometrie von Lobatschewski und Bolyai bezeichnet wird. Wir werden entdecken, wie damit unser Konzept der physischen Realität revolutioniert wird, und wie ihr Einfluss sich auf die Forschungen von Albert Einstein ausgewirkt hat, was schließlich in seiner Relativitätstheorie gipfelte.

Die elliptische Geometrie von Riemann nimmt uns mit in eine seltsame exzentrische Welt der Kugeln, und wir werden Dreiecke mit Innenwinkeln zeigen, die mehr als 180° umfassen. Wir verwenden die sphärische Geometrie, um beispielsweise die folgenden Fragen zu beantworten: Was ist der kürzeste Abstand zwischen zwei Städten auf der Erdoberfläche? Ist es möglich, die Innenwinkel eines Dreiecks zu messen, deren Eckpunkte in Paris, London und Madrid liegen? Geometrische Lösungen für diese Probleme sind von größtem Nutzen in unserer globalisierten Welt, wo das GPS uns zu fast jedem Quadratmeter des Planeten führen kann.

Wie ein reißender Fluss, der einen brüchigen Damm durchbricht, haben die neuen Ideen die traditionellen wissenschaftlichen Konzepte hinweggespült und Hunderte solcher neuer Konzepte inspiriert. Wir werden die Grundlagen der Geometrie des 21. Jahrhunderts genauer betrachten – Integral- und Computergeometrie, welche die Grundlage für eine Welt neuer Technologien bilden. Leser, die tiefer in das Thema eintauchen wollen, finden am Ende dieses Buchs ein Literaturverzeichnis. Außerdem gibt es ein Register, dessen Stichwörter Ihnen helfen sollen, sich im Text zu orientieren.

Kapitel 1

Eine Taxifahrt

In unserem Alltagsleben müssen wir häufig Formen messen. Die zugehörige mathematische Disziplin wurde von den alten Griechen als „Geometrie" bezeichnet. Das ursprüngliche griechische Wort *geometria* ist ohne weitere Erklärungen verständlich: *geo* steht für „Erde" und *metrein* für „messen". Wenn wir über die Geometrie sprechen, benutzen wir das Wort immer im Singular. Spricht man im Plural davon – Geometrien –, könnte dies bedeuten, dass es mehrere verschiedene Dimensionen gibt, aus denen wir auswählen können. Das scheint ein sehr esoterischer Gedanke zu sein, der die Vorstellungskraft normaler Menschen übersteigt. Aber genau so ist es: Es gibt weitere Geometrien.

Sind die Wissenschaftler absolut sicher, was ein Punkt im Raum oder eine gerade Linie durch diesen Punkt tatsächlich sind? Kann ein Kreis die Form eines Rechtecks annehmen? Wissen wir wirklich, was „parallel" bedeutet?

Die Antworten auf diese Fragen sind keine unveränderlichen Wahrheiten, sondern haben sich im Laufe der Zeit geändert. Euklid erklärte völlig überzeugt „durch einen Punkt außerhalb einer Geraden kann nur eine parallele Gerade zu dieser ursprünglichen Geraden verlaufen", aber Lobatschewski zeigte, dass vielmehr sehr viele, wenn nicht sogar unendlich viele parallele Geraden ihn durchlaufen können. Riemann wollte beiden nicht zustimmen und behauptete, es gebe überhaupt keine parallelen Linien. Wer von diesen großen Persönlichkeiten der Mathematikgeschichte hat aber nun recht? Haben sie alle recht? Oder hat keiner von ihnen recht?

In diesem Abschnitt wollen wir all diese Unsicherheiten klären, aber wir beginnen mit einem einfachen Beispiel, das grafisch demonstriert, wie so viel Verwirrung über die eigentliche Natur der physischen Realität möglich ist.

Wenn jemand von Zuhause aus zur Arbeit fährt, an einen Ort, an dem er nicht wohnt, berechnet er die Zeit, die er benötigt, um dorthin zu gelangen, anhand der Distanz, die er zurücklegen muss. Häufig wird er zu seinem großen Ärger feststellen, dass seine Berechnungen der realen Reisezeit nicht entsprechen. Verkehrsstaus, Ampeln, Baustellen – die Liste möglicher Verzögerungen ist lang und durchkreuzt seine detaillierten Pläne. Eine Reise, die Sie in Ihren Gedanken planen, verläuft, geometrisch betrachtet, idealerweise annähernd in einer geraden Linie. Die Realität ist jedoch nicht geometrisch ideal. Es gibt nicht nur ausgefallene Ampeln oder Lastwagen, die unerwartet Ladung abliefern – die Berechnungen werden unterminiert, weil der Straßenverlauf und die Häuserblocks keine perfekten Quadrate darstellen. Die Kreuzungen haben keine perfekten rechten Winkel usw. Wird es damit unmöglich, eine praktikable Route festzulegen?

ILDEFONSO CERDÀ (1815-1876)

Ildefonso Cerdà ist vor allem für seine Leistungen als Ingenieur und Architekt bekannt, widmete sich aber auch Aufgaben in vielen anderen Bereichen, wie beispielsweise der Wirtschaft, Jura oder der Politik. Seine Stadtplanungsreform für Barcelona im 19. Jahrhundert wurde als der Cerdà-Plan bezeichnet. Mit der Schaffung eines der wichtigsten Stadtteile verlieh er der Stadt ein völlig neues Aussehen: dem Eixample (auf Katalanisch) oder dem Ensanche (auf Spanisch), was so viel wie „Erweiterung" heißt. Die Straßen des Eixample sind in der Form eines offenen Rasters angelegt, wobei die Kreuzungen gleich weit voneinander entfernt sind.

Luftbild des Eixample in Barcelona

Verwunschene Straßen

Wie Sie sich vielleicht schon gedacht haben, ist die Realität nie perfekt geometrisch. Wäre sie es, wäre die Welt sehr langweilig, eine müßige Wiederholung geordneter Formen. Ordnung und Rationalität sind jedoch wichtige Kriterien, die in praktischen Disziplinen berücksichtigt werden müssen, wie beispielsweise in der Stadtplanung. Aus nachvollziehbaren Gründen verwenden die Baupläne vieler moderner Städte Straßenlayouts in Form rechteckiger Blöcke. Eines der ersten Beispiele für einen Rasterplan einer Stadt ist der Bezirk Eixample in der spanischen Stadt Barcelona, nach der Idee von Ildefonso Cerdà. Eixample ist das ideale Modell für dieses kurze einführende Beispiel für unser Thema.

Stellen Sie sich vor, Sie befinden sich in Eixample und definieren einen Ausgangspunkt A und einen Ankunftspunkt B. Wenn jeder Häuserblock eine Einheit groß ist, wie groß ist der Abstand in diesen Einheiten zwischen den Punkten A und B?

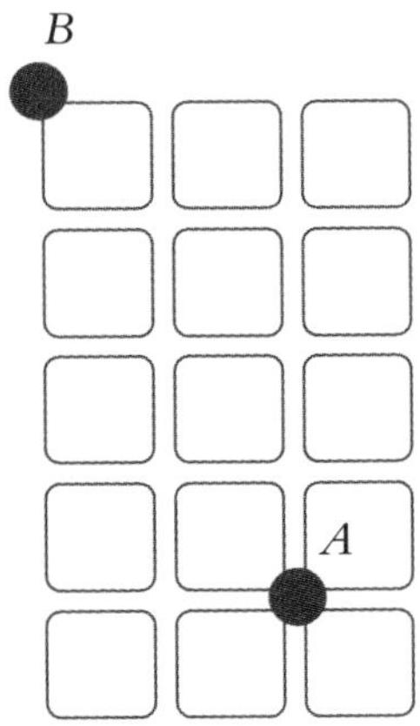

Anhand dieser Zeichnung kann man sich ganz leicht ein Dreieck mit einer Hypotenuse (der geraden Linie zwischen den beiden Punkten) und zwei weiteren Seiten (die Straßen, die L-förmig von einem Punkt zum anderen verlaufen) vorstellen. In diesem Beispiel (siehe nächste Seite) ist eine Seite 4 Einheiten lang, die andere 2. Wendet man nun den Satz des Pythagoras an ($a^2 = b^2 + c^2$), erkennen wir, dass die Hypotenuse $\sqrt{(4^2 + 2^2)} = \sqrt{20} = 4{,}47$ Einheiten lang ist. Müssen wir die Reisezeit berechnen, wird deutlich, dass dieser Abstand irreführend ist, weil wir uns nicht auf gerader Linie von einem Punkt zum anderen bewegen können. Die reale Reisedistanz ist vielmehr die Summe der beiden Seiten, d. h. 6 Einheiten.

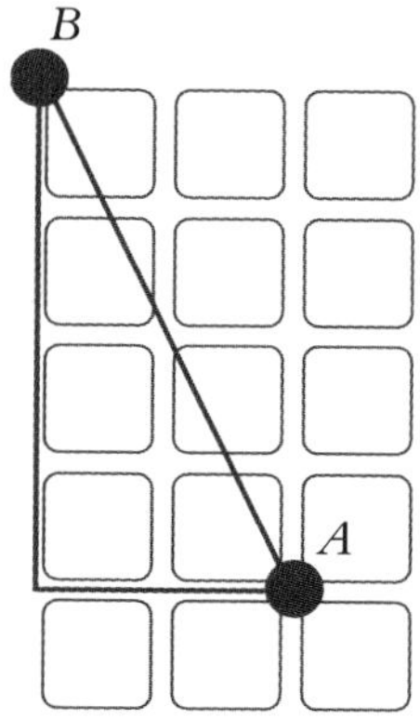

Wir könnten versuchen, andere Routen auszuprobieren, um den schnellsten Weg zu finden. Es gibt die unterschiedlichsten Varianten, aus denen wir wählen können. Wir könnten beispielsweise vertikale und horizontale Bewegungen kombinieren, in die erste Straße abbiegen und dann in die zweite, oder zwei Straßen warten, bevor wir abbiegen usw. Die abgedeckte Distanz beträgt jedoch immer 6 Einheiten.

Die Abbildung auf der folgenden Seite zeigt die verschiedenen Routen, die zwischen A und B möglich sind. Es gibt insgesamt 15 Möglichkeiten.

Die tatsächliche Distanz scheint nicht das zu sein, was sie auf den ersten Blick darstellt. Stattdessen haben wir ein anderes Konzept der Distanz, das wir auch als die Taxi-Distanz bezeichnen. Diese Idee nicht linearer Abstände ist der Ursprung der *Taxi-Geometrie*.

MÖGLICHE STRECKEN

Der Ausdruck, der die Anzahl der möglichen Strecken mit n Bewegungen nach oben und m Bewegungen zur Seite angibt, sieht wie folgt aus:

$$\binom{n+m}{m} = \frac{(n+m)!}{n!m!}.$$

$n!$ ist die Fakultät und berechnet sich als $n(n-1)(n-2) \times \ldots \times 2 \times 1$. Beispielsweise ist $5! = 5 \times 4 \times 3 \times 2 \times 1 = 120$.

Für den Eixample ergibt sich damit die folgende Berechnung:

$$\binom{6}{2} = \frac{(4+2)!}{4!2!} = 15 \text{ mögliche Strecken.}$$

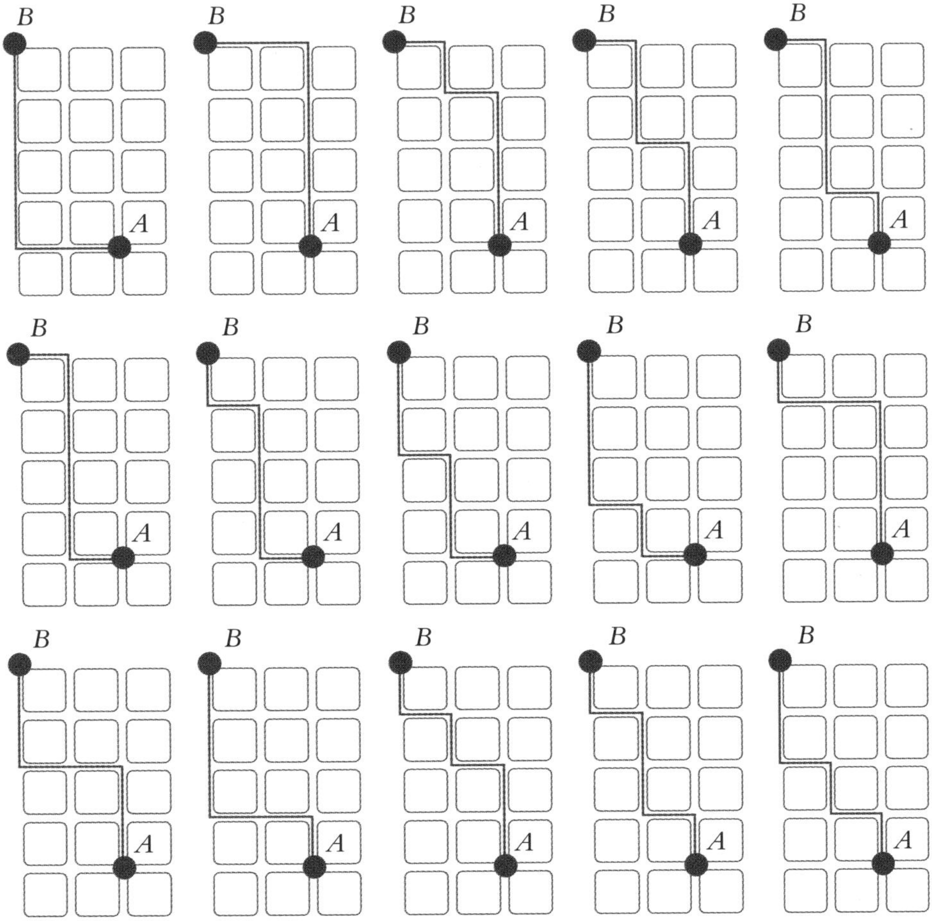

Die Taxi-Metrik

Das Distanzkonzept, das man uns normalerweise in der Schule beibringt, ist die euklidische Distanz. Sie leitet sich vom Satz des Pythagoras ab und besagt, dass der Abstand zwischen zwei Punkten P und Q mit den Koordinaten $P = (x_1, y_1)$ und $Q = (x_2, y_2)$ gleich ist:

$$d(P,Q) = \sqrt{(x_2 - x_1)^2 + (y_2 - y_1)^2}.$$

Die minimale Distanz, die bei einer realen Reise in einer rasterförmigen Stadt abgedeckt ist, ist dagegen definiert als

$$d_T(P,Q) = |x_2 - x_1| + |y_2 - y_1|.$$

ABSOLUTWERT

Der Ausdruck $|A|$ bedeutet „Absolutwert von A", nämlich der Wert von A, wenn man sein Vorzeichen ignoriert. Wenn A positiv ist, ist $|A| = A$, und wenn A negativ ist, ist $|A| = -A$. Beispiel: $|-5| = 5$.

Diese alternative Distanz wird auch als *Manhattan-Distanz* oder *Minkowski-Distanz* bezeichnet, nach ihrem Erfinder, Hermann Minkowski. Beliebter und etwas ironisch auch *Taxi-Metrik* genannt.

In den folgenden Graphen kennzeichnet die Länge der gestrichelten Linie den Wert der euklidischen Distanz, und die Summen der vertikalen und horizontalen Segmente bilden die Taxi-Metrik. Wenn der Punkt C der Ursprung der Koordinaten ist, dann können Punkt A die Koordinaten (2, 1) und Punkt B die Koordinaten (0, 5) zugeordnet werden. Beachten Sie, dass die Position des Ursprungs des Koordinatensystems nichts an der Berechnung einer der Distanzen ändert.

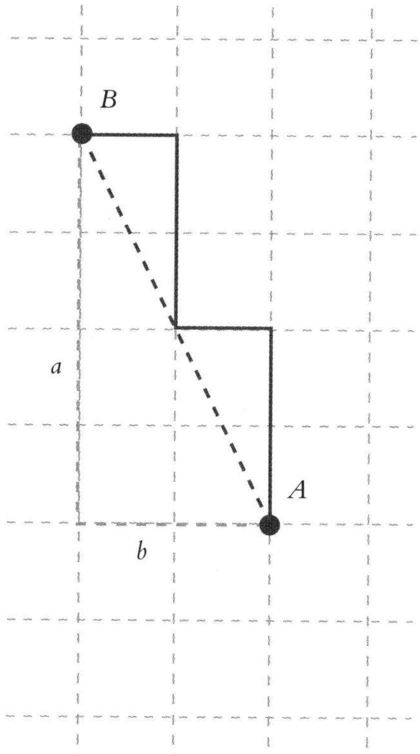

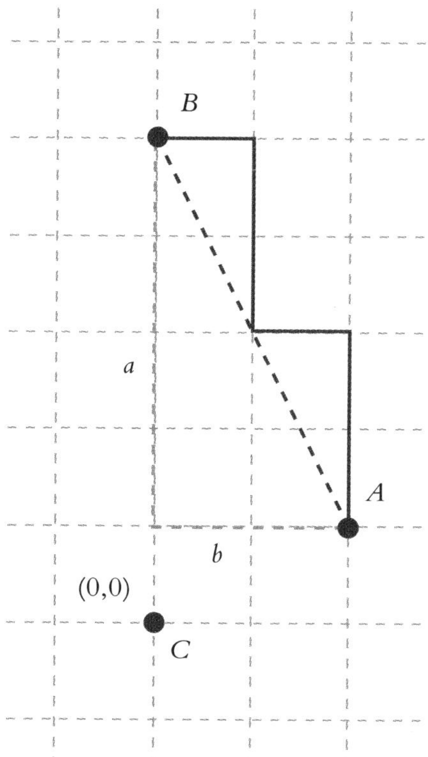

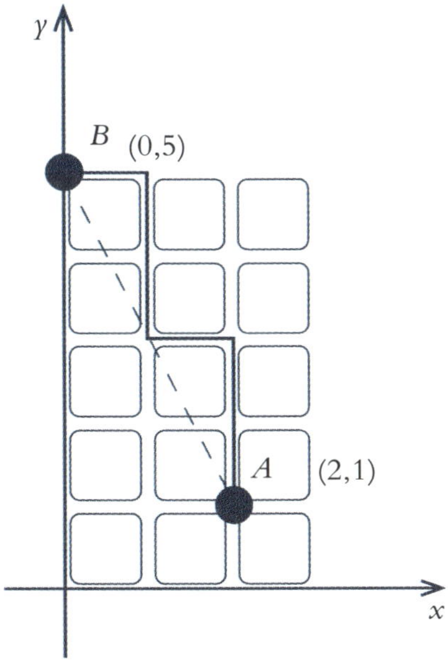

In der Mathematik ist die Distanz eine Beziehung zwischen zwei Punkten A und B, die die Bedingungen erfüllt, dass sie positiv und symmetrisch ist und eine Dreiecksungleichung erfüllt. Das bedeutet

1) $\delta(A,B) \geq 0$, und wenn gilt $\delta(A,B) = 0$, ist $A = B$.
2) $\delta(A,B) = \delta(B,A)$.
3) $\delta(A,B) \leq \delta(A,C) + \delta(C,B)$.

Die euklidische Distanz $d(A,B)$ und die Taxi-Metrik $d_T(A,B)$ sind zwei Beispiele für Distanzen, welche die obigen Konditionen erfüllen. Allgemein ausgedrückt: $d(A,B) \leq d_T(A,B)$.

HERMANN MINKOWSKI (1864-1909)

Der deutsche Mathematiker Hermann Minkowski entwickelte die geometrische Zahlentheorie, eine geometrische Methode, Aufgaben mit der Zahlentheorie zu lösen. 1907 erkannte er, dass die spezielle Relativitätstheorie von Einstein besser verstanden werden konnte, wenn man eine nichteuklidische Geometrie im vierdimensionalen Raum verwendete. Seitdem spricht man vom Minkowski-Raum. Darin sind Zeit und Raum keine separaten Einheiten, sondern in einem 4D-Raum, der sogenannten Raum-Zeit, verknüpfte Variablen. Diese Betrachtung des Problems unterstützte Einstein bei seinen späteren Arbeiten, die schließlich zur allgemeinen Relativitätstheorie führten.

Ein Beispiel mit Dreiecken

Die euklidische Geometrie beinhaltet das Prinzip der Dreiecke, auch als „Seite-Winkel-Seite"-Kongruenz bezeichnet, und ist wie folgt zu beschreiben: Wenn wir zwei Dreiecke mit den Eckpunkten ABC und $A_1B_1C_1$ haben, und mit den Seiten AB, AC, BC, und A_1B_1, A_1C_1, B_1C_1, sodass $AB = A_1B_1$ und $AC = A_1C_1$, mit dem Winkel BAC gleich $B_1A_1C_1$, dann ist Seite BC gleich Seite B_1C_1, d. h. die Dreiecke sind kongruent. Mit anderen Worten, das Prinzip bedeutet, dass wenn zwei Dreiecke zwei Seiten gleicher Länge aufweisen, und der Winkel zwischen den Seiten in beiden Dreiecken gleich ist, dann hat die dritte Seite in beiden Dreiecken die gleiche Länge. Die Dreiecke sind gleich. Dieses Ergebnis scheint ganz offensichtlich zu sein, gemäß der Taxi-Geometrie ist es jedoch völlig falsch. Betrachten Sie die Dreiecke mit den Ecken $A = (0, 0)$, $B = (4, 2)$, $C = (1, 5)$ und $A_1 = (5, 0)$, $B_1 = (11, 0)$ und $C_1 = (8, 3)$, wie im folgenden Graphen gezeigt:

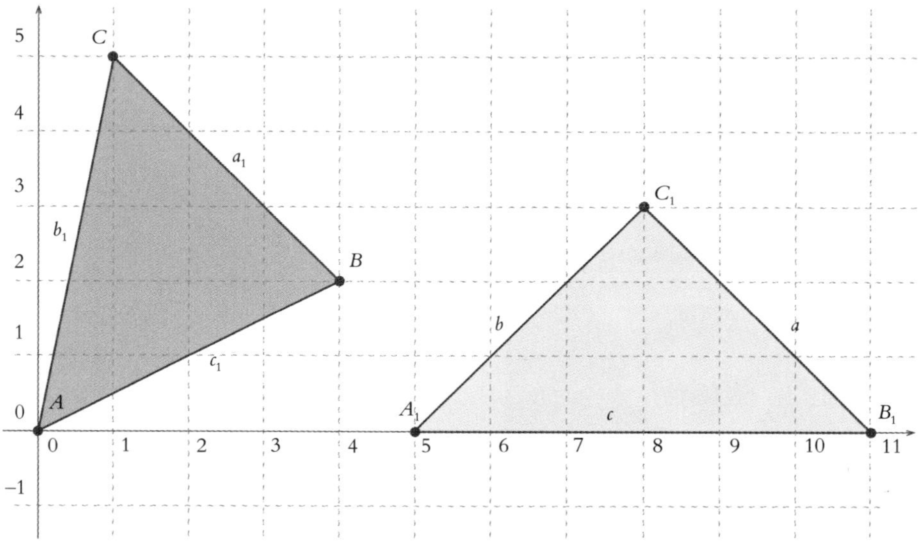

Es kann gezeigt werden, dass

$$d_T(A, B) = 6 = d_T(A_1, B_1),$$

und dass

$$d_T(A, C) = 6 = d_T(A_1, C_1),$$

und dass

$$d_T(B, C) = 6 = d_T(B_1, C_1).$$

Damit sind im Hinblick auf die Taxi-Metrik die Seiten $AB = A_1B_1$, $AC = A_1C_1$ und $BC \neq B_1C_1$. Obwohl wir gleiche Taxi-Metriken haben, ist die Seite c nicht gleich lang wie die Seite c_1 im anderen Dreieck. Wir sehen auch, dass eines der Dreiecke gleichschenklig ist (nur zwei Seiten sind gleich), während im anderen Dreieck keine der Seiten gleich ist. Es handelt sich um sehr unterschiedliche Dreiecke, wenn man für sie also zeigt, dass sie kongruent sind, widerspricht das der euklidischen Geometrie.

Kreise

Der Kreis ist eine der Formen, die man sowohl in der künstlichen als auch in der natürlichen Form fast überall findet, und damit vielleicht die einfachste der geometrischen Formen und am einfachsten zu beschreiben. Wenn Sie an einen Kreis denken, fallen Ihnen wahrscheinlich sofort jede Menge kreisförmiger Gegenstände ein. Wir verstehen die Form also sehr genau. Wenn wir beispielsweise die Räder eines Fahrrads sehen, ist klar, dass alle Speichen dieselbe Länge haben müssen, sonst wäre es sehr schwierig, damit zu fahren, und man würde ständig riskieren zu stürzen. Alle Speichen haben dieselbe Länge, weil alle aus der Nabe entspringen und alle denselben Abstand zur Felge haben. Hier die technische Definition eines Kreises in der Ebene:

> Der geometrische Ort, an dem die Punkte in einer Ebene gleich weit von einem Fixpunkt entfernt sind, wird als „Kreisumfang" bezeichnet.

Der Fixpunkt ist der *Mittelpunkt*, die gleich weite Entfernung ist der *Radius*.

Wenn wir also einen Punkt P auf einem Kreis wählen (mit dem Mittelpunkt A und dem Radius r), kann gezeigt werden, dass $d(P, A) = r$ ist. Befindet sich beispielsweise der Mittelpunkt am Punkt (2, -1) in einem Graphen und der Radius ist 3 Einheiten lang, bilden alle Punkte P, die die oben gezeigte Beziehung für die Werte von A und r erfüllen, den Kreis:

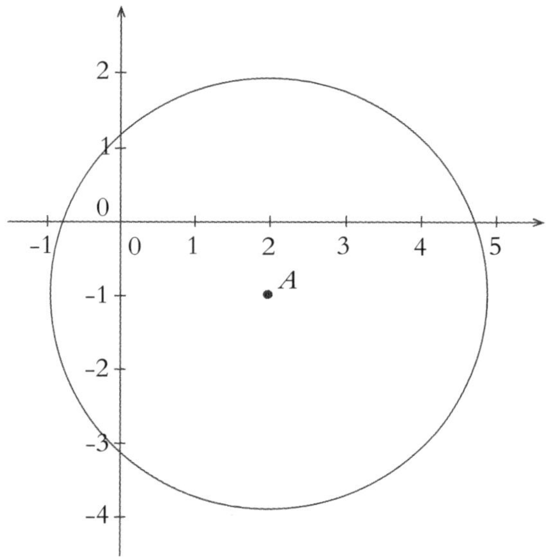

Der obige Graph wurde in Übereinstimmung mit der euklidischen Distanz gezeichnet. Zeichnen wir den Kreis dagegen in Übereinstimmung mit der Taxi-Metrik, erhalten wir ein seltsames und sehr anderes Ergebnis, wie nachfolgend gezeigt:

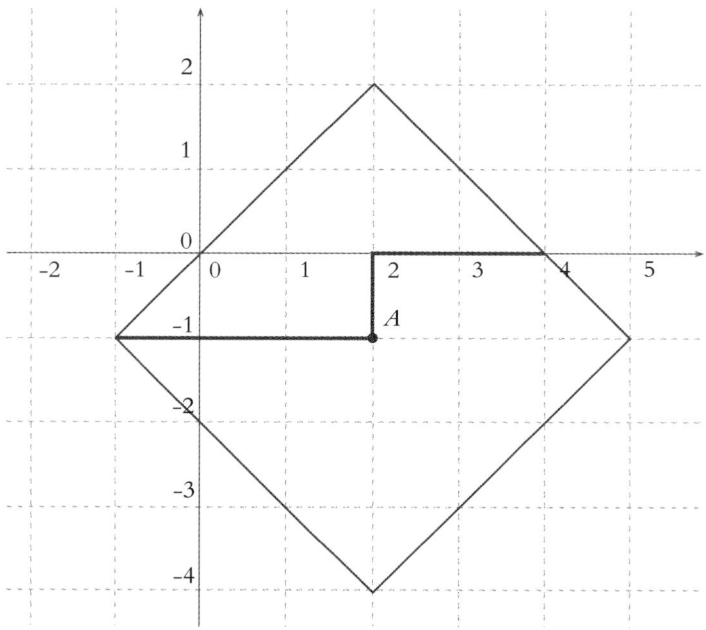

Wir können beweisen, dass die Punkte *B* auf diesem Kreis nach der Taxi-Metrik tatsächlich die Bedingung $d_T = (P,A) = r$ erfüllen, wenn wir $A = (2, -1)$ und $r = 3$ verwenden.

Ellipsen

In der Taxi-Geometrie seltsam verhält sich auch die Ellipse, definiert als eine Punktemenge, die sich um zwei Festpunkte herum befindet, die jeweils als Fokuspunkt bezeichnet werden. Die Summe der Distanzen aller Punkte auf der Ellipse von beiden Fokuspunkten ist konstant. Der Kreis ist ein Sonderfall der Ellipse, wobei beide Fokuspunkte an einem Mittelpunkt übereinanderliegen.

In diesem Beispiel sind die Fokuspunkte $A = (-3, 0)$ und $B = (3, 0)$, und der Durchmesser (breiteste Stelle) beträgt 10 Einheiten. Damit erfüllen die Punkte *P* die Gleichung $d(P,A) + d(P, B) = 10$ wie folgt:

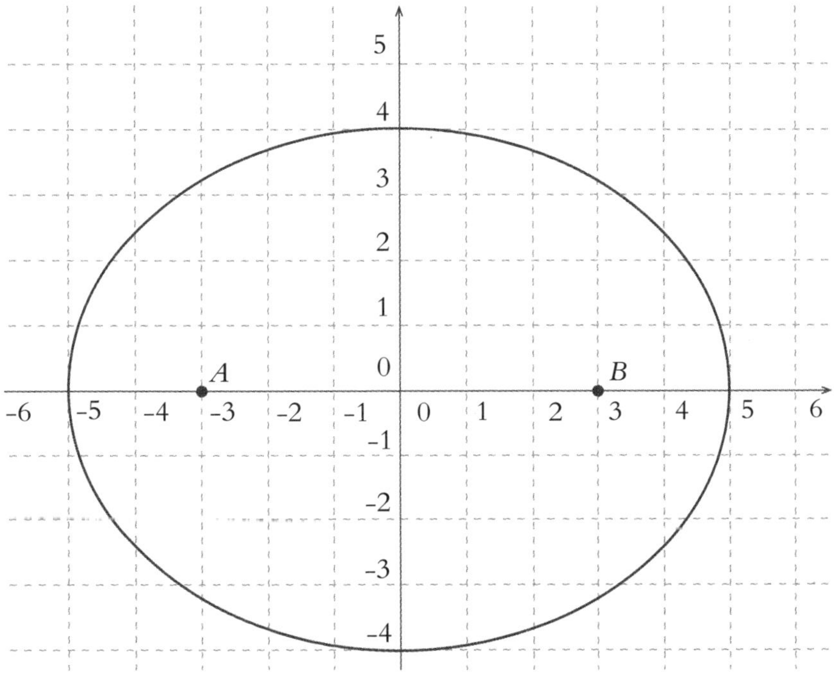

Wenn man die euklidische Distanz durch die Taxi-Distanz ersetzt, erkennen wir, dass die Menge der Punkte *P*, die $d(P,\mathrm{A}) + d(P,B) = 10$ erfüllen, ein völlig unerwartetes Ergebnis liefert:

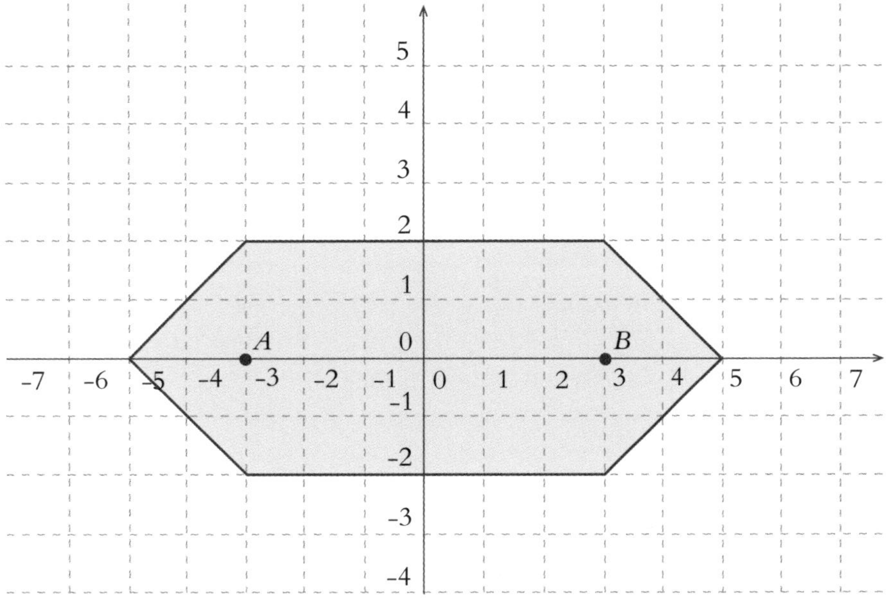

Diese Beispiele verdeutlichen, dass die Form geometrischer Figuren keine universelle, ewige und unveränderliche Wahrheit ist, sondern dass sie relativ ist, wie seltsam uns das auch erscheinen mag. Sie hängt von der verwendeten Metrik – oder der Art der „Distanz" – ab, das bedeutet letztlich, dass es ganz darauf ankommt, wie Sie das Problem betrachten.

Die Taxi-Metrik ist nicht etwa nur eine Kuriosität. Es gibt vielfältige Anwendungen dafür in der Städteplanung. Beispielsweise können damit öffentliche Einrichtungen (Krankenhäuser, Schulen, Touristenattraktionen usw.) an geeigneten Orten in der städtischen Umgebung angesiedelt werden. Und auch für die Planung einer effektiven Straßenführung stellt sie ein äußerst praktisches Werkzeug dar.

Verbindungsstraßen

Stellen Sie sich vor, zwei Stadtbezirke müssen verbunden werden. Die Viertel heißen *A* und *B*, und die Gebäude darin sind in Blöcken angeordnet, so wie im realen Bezirk Eixample in Barcelona. Die Verwaltungen der beiden Bezirke beschließen, eine Verbindungsautobahn zu bauen, basierend auf einer sehr gerechten, aber komplizierten Bedingung: Jedes Fahrzeug, das auf dieser Straße fährt, muss von *A* genausoweit wie von *B* entfernt sein. Wie können wir diese Verbindungsstraße entwerfen?

Mathematisch betrachtet, könnte das Problem wie folgt ausgedrückt werden: Welche Punkte in der Ebene sind von *A* und *B* gleich weit entfernt?

Wie immer gibt es in der euklidischen Geometrie eine einfache, klare Lösung. Wenn auf einer XY-Achse *A* an Punkt (0, 0) liegt, und *B* an Punkt (4, 2), können wir eine Linie zwischen *A* und *B* zeichnen, die senkrecht auf der Linie steht, die *A* und *B* verbindet, und durch einen Punkt verläuft, der gleich weit von beiden entfernt ist. Dies entspricht der Berechnung der Punkte *P*, die die folgende Gleichung erfüllen:

$$d(P,A) = d(P,B).$$

Aber auch dieses Modell funktioniert nicht für die städtische Geometrie. Wenden wir die euklidische Geometrie an, müssten wir schon eine ganze Menge Häuser abreißen, um eine ideale direkte Straße bauen zu können:

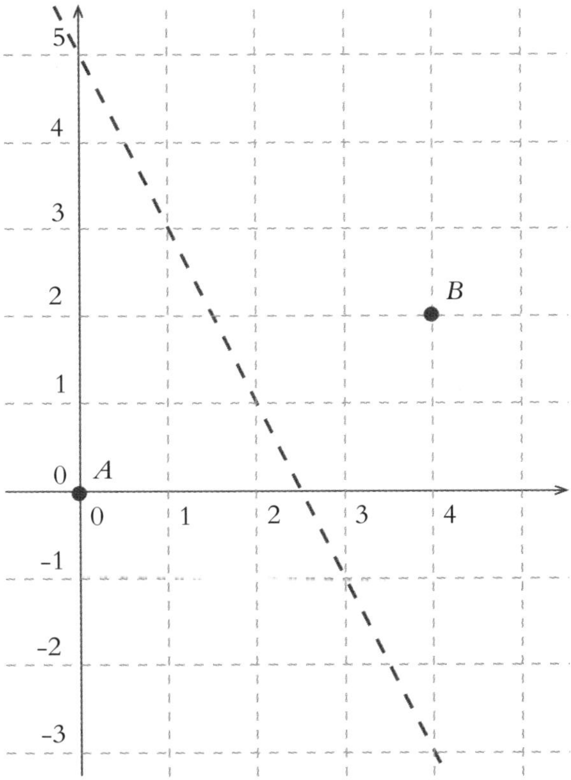

Die beste Lösung finden wir mit der Taxi-Geometrie. Dabei werden die Punkte P berechnet, die $d_T\,(P,A) = d_T\,(P,B)$ erfüllen. Wenn wir einen Punkt auf der Route auswählen, erkennen wir, dass sein Abstand zu *A* derselbe ist wie sein Abstand zu *B*. Dieser Vorschlag bedeutet, dass wir für unsere Planung nur sehr wenige Gebäude abreißen müssten.

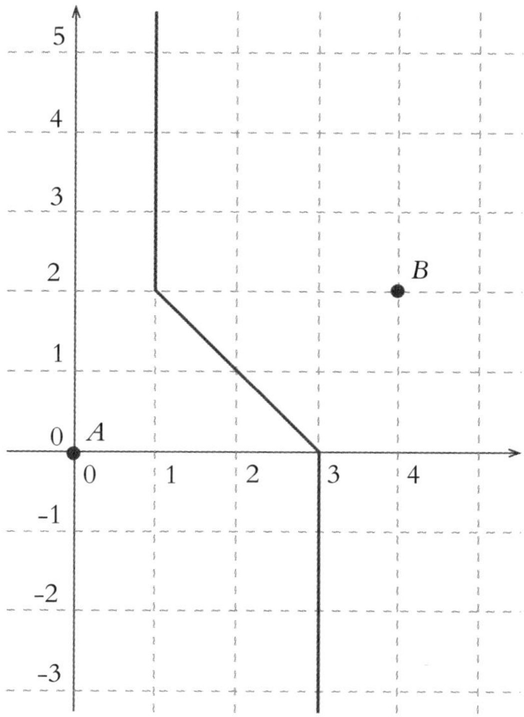

Kapitel 2

Euklidische Geometrie

In der Malerei ist der Punkt das wichtigste Element.
Wassily Kandinsky

Ursprünglich war die Geometrie die Wissenschaft der Messung. Die griechischen Geometer lernten, die Länge einer Linie zu messen, gerade oder gekrümmt. Sie konnten eine durch Linien begrenzte Fläche und einen durch Flächen begrenzten Körper bestimmen. Das Verb „messen" nahm jedoch bald eine weitgehendere Bedeutung an: „Einrichtung von Beziehungen zwischen geometrischen Objekten." Es wurden geometrische Ausdrücke geprägt, die heute noch verwendet werden: Die Gerade d ist parallel zur Gerade m, das Segment AC ist dreimal so groß wie das Segment AB, oder das Verhältnis des Umfangs eines Kreises zu seinem Durchmesser ist eine Zahl, die nicht als Bruch dargestellt werden kann.

Um diese Beziehungen als zuverlässig einzurichten, perfektionierten die Geometer der Antike ein System, das zu *der* mathematischen Methode überhaupt wurde: den Beweis. Bei der Technik der griechischen Geometer ging es darum, die wichtigsten Ergebnisse (Theoreme) aus grundlegenden Prinzipien durch „lange Schlussfolgerungsketten" zu kombinieren, wie es Descartes in seinem Werk *Le Discours de la méthode* ausgedrückt hat. Diese fast künstlerische Fertigkeit charakterisiert die euklidische Geometrie.

Euklid, seine *Elemente* und das fünfte Postulat

Es ist nicht ganz einfach, Informationen über Euklid zu finden, genau wie für viele andere herausragende Persönlichkeiten der fernen Vergangenheit. Man kennt weder sein Geburtsdatum noch seinen Geburtsort sicher. Alle vorhandenen Informationen stammen aus Interpretationen antiker Dokumente, in denen die Geometrie erwähnt wird. Diese berichten, dass er vor Archimedes lebte, von ca. 323 bis 265 v.Chr., d. h. er war ein Zeitgenosse des Ptolemäus (367–283 v.Chr.). Seine Form der Schlussfolgerung deutet darauf hin, dass er in Athen bei Platon studiert hat. Man weiß, dass er in Alexandria lebte und mehr als 20 Jahre Mathematik lehrte, weil dort die berühmte Schule gegründet wurde, in der er einen Großteil seiner außergewöhnlichen intellektuellen Arbeit leistete.

Um das Jahr 300 v.Chr. schrieb Euklid sein Hauptwerk, *Die Elemente*, das praktisch die gesamte zum damaligen Zeitpunkt bekannte Mathematik enthielt. Dieses Buch scheint das am weitesten verbreitete Werk nach der Bibel zu sein. Und tatsächlich wurde es für fast 2.000 Jahre als Lehrbuch verwendet und als die unanfechtbare Grundlage der täglichen Geometrie und sogar des gesunden Menschenverstands betrachtet. Die erste gedruckte Version erschien 1482 in Venedig, eine Übersetzung aus dem Arabischen ins Lateinische. Die erste direkt aus dem Griechischen ins Lateinische übersetzte Version wurde 1505 veröffentlicht.

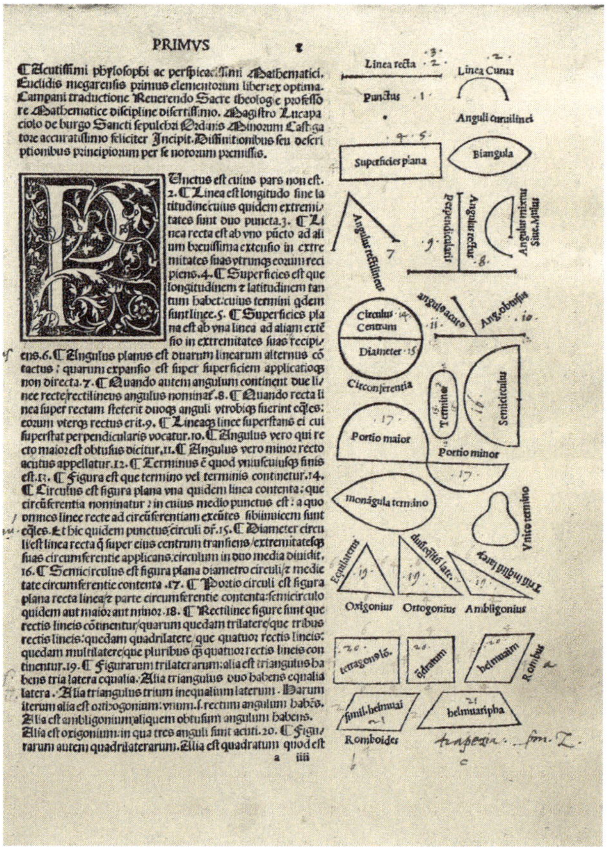

Eine gedruckte Seite aus dem ersten Buch Euklids, Elemente, *in der Ausgabe von Leonardo de Basilea und Guillermo de Pavia von 1491.*

Das Werk *Die Elemente* (oder auch nur *Elemente*) besteht aus 13 Büchern mit 465 Sätzen, 372 Theoremen und 93 Aufgaben. Diese Bücher enthalten nicht die üblichen Routineberechnungen, wie sie die Kinder in der Schule lernen, sondern stellen eine logische, kreative und strukturierte Sammlung des zeitgenössischen Wissens im Stile von Platon dar. In Übereinstimmung mit seinem wissenschaftlichen Ideal erklärte Platon, dass die Geometrie eine intellektuelle Disziplin sei, deren Zweck in ihr selbst zu suchen sei. In Buch VII seiner Arbeit *Die Republik* erklärt er seine Vorstellung von Wissenschaft:

> „Als wäre es ein praktischer Zweck als solcher, bestehen die Geometer darauf, zu quadrieren, zu erweitern und zu addieren, wobei die Wissenschaft tatsächlich allein auf dem Prinzip des Verständnisses basiert."

In *Elemente* werden alle Sätze schrittweise bewiesen. Die ersten vier Bücher werden als die *pythagoreischen* bezeichnet, weil sie hauptsächlich das Material enthalten, das Pythagoras und seine Nachfolger erforschten. Sie beschäftigen sich mit der Ebenengeometrie – dem Satz des Pythagoras, den Eigenschaften von Dreiecken, Parallelogrammen, Kreisen, Polygonen usw.

Die beiden nächsten Bücher sind der Studie der Proportionalität und Ähnlichkeit von Polygonen gewidmet. Sie enthalten den ersten Verweis auf den goldenen Schnitt (ausgedrückt als das „extreme und mittlere Verhältnis").

Buch 7, 8 und 9 konzentrieren sich auf die Arithmetik und beschäftigen sich mit Problemen der Zahlentheorie: Teilbarkeit, Primzahlen, perfekte Zahlen usw. Sie definieren das euklidische Konzept einer Zahl. Euklid versteht unter einer Zahl etwas, was heute als messbare Einheit bezeichnet wird, wie zum Beispiel die Länge eines Segments. Buch 10 beschäftigt sich mit der Klassifizierung von Zahlen, die als irrational beschrieben werden, also Werte, die nicht als Brüche dargestellt werden können. Die letzten drei Bücher beleuchten die räumliche, dreidimensionale Geometrie (Polyeder, Kugeln usw.). Und schließlich werden die fünf berühmten regulären Polyeder vorgestellt und untersucht, die sogenannten platonischen Körper – Polyeder mit Seiten aus identischen regulären Polygonen.

Euklid beginnt sein *Elemente* mit übersichtlichen, klaren Aussagen, die einfach und intuitiv verständlich und nicht zu hinterfragen sind. Er bezeichnet sie als Definitionen, Postulate oder Axiome, und entwickelt daraus seine Sätze, eine Kette von Definitionen, die zu einem Beweis führen. Die Grundlage der euklidischen Betrachtungsweise der Welt ist in Buch I von *Elemente* zu finden, wo 23 anfängliche Definitionen, 5 Postulate und 48 Eigenschaften zum ersten Mal genannt werden.

DER REGELMÄSSIGE POLYEDER

Es gibt nur fünf mögliche reguläre konvexe Polyeder. Vermutlich aus genau diesem Grund haben ihnen die Griechen spezielle Aufmerksamkeit gewidmet, und sie mit den vier Elementen und ihrem Ganzen in Verbindung gebracht: das Tetraeder (Feuer), den Würfel (Erde), das Oktaeder (Luft), das Ikosaeder (Wasser) und das Dodekaeder (das Universum). Die regulären Polyeder werden auch als die fünf platonischen Festkörper bezeichnet.

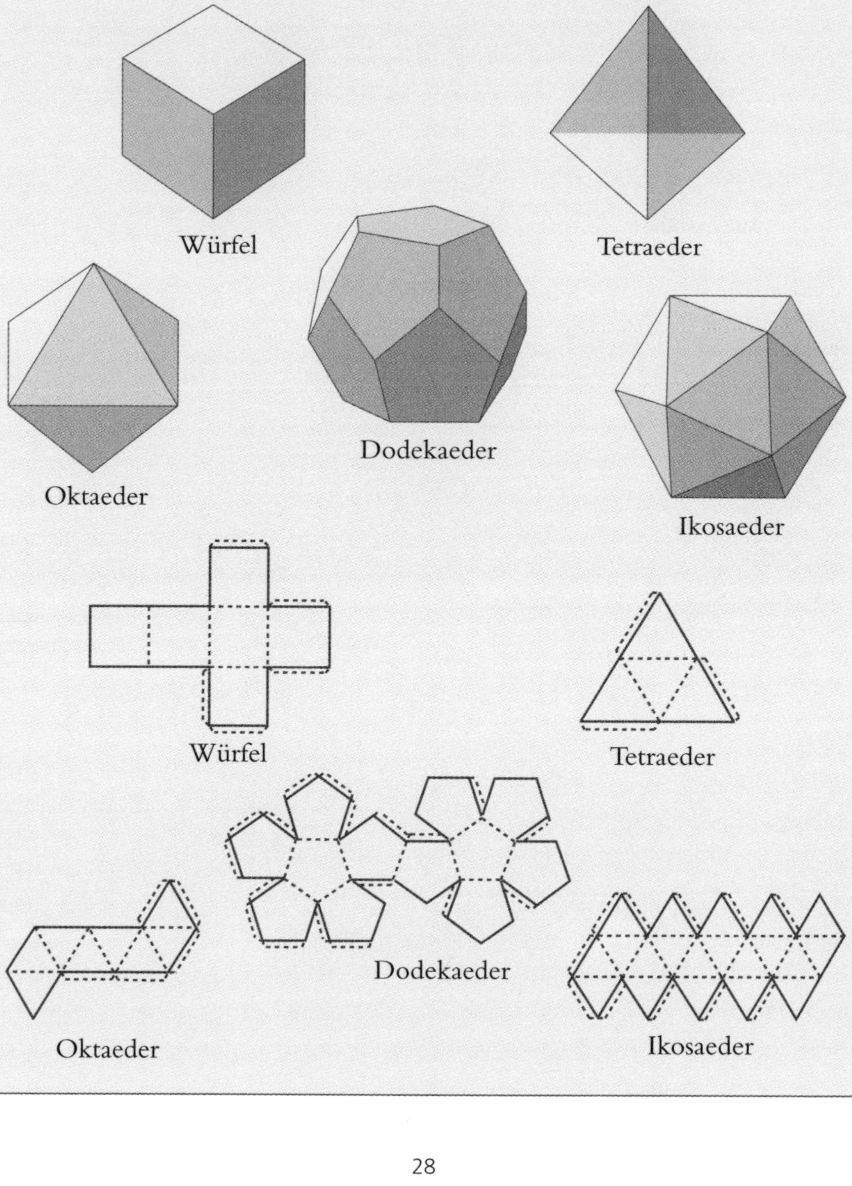

EUKLIDISCHE TERMINOLOGIE

Satz: eine Aussage einer belegten Wahrheit oder eine zu beweisende Wahrheit.

Theorem: Ein Satz, der anhand von Axiomen oder aus anderen zuvor bewiesenen Theoremen logisch bewiesen werden kann, wobei anerkannte Regeln für die Folgerungen angewendet werden.

Axiom: Ein Satz, der so klar und offensichtlich ist, dass kein Beweis dafür erforderlich ist. Sein Grad an Selbstverständlichkeit ist höher als bei einem Postulat.

Postulat: Ein Satz, dessen Wahrheit ohne Beweise angenommen wird, und der die Grundlage für weitere Folgerungen sein muss, mit anderen Worten, eine Annahme, die als Grundlage für einen Beweis dient.

In den anfänglichen Definitionen von Buch I geht es um Punkt, Gerade, rechten Winkel und parallele Linien. Sie bilden die Grundlage für die euklidische und andere Geometrien.

Definition 1: Ein Punkt ist, was keine Teile hat.

Definition 2: Eine Linie ist eine Länge ohne Breite.

[...]

Definition 4: Eine Linie ist gerade, wenn sie gegen die in ihr befindlichen Punkte auf einerlei Art gelegen ist.

[...]

Definition 10: Wenn eine gerade Linie, auf eine gerade Linie gestellt, einander gleiche Nebenwinkel bildet, dann ist jeder der beiden gleichen Winkel ein Rechter; und die stehende gerade Linie heißt senkrecht zu (Lot auf) der, auf der sie steht.

[...]

Definition 35: Parallel sind gerade Linien, die in derselben Ebene liegen und dabei, wenn man sie nach beiden Seiten ins Unendliche verlängert, auf keiner Seite einander treffen.

Anschließend finden wir die folgenden Axiome:

1. Was demselben gleich ist, ist auch einander gleich.
2. Wenn Gleichem Gleiches hinzugefügt wird, sind die Ganzen gleich.
3. Wenn von Gleichem Gleiches weggenommen wird, sind die Reste gleich.
4. Was einander deckt, ist einander gleich.
5. Das Ganze ist größer als der Teil.

Wenn es bei Euklid um Formen geht, verwendet er nicht immer den Begriff „Gleichheit", sondern häufig das Wort „Kongruenz". Ganz allgemein gilt, dass kongruente geometrische Elemente solche Elemente sind, die übereinandergelegt werden können, sodass sie vollständig deckungsgleich sind.

Darüber hinaus hat Euklid auch seine fünf berühmten Postulate formuliert:

I. dass man von jedem Punkt nach jedem Punkt die Strecke ziehen könne,
II. dass man eine begrenzte gerade Linie zusammenhängend gerade verlängern könne,
III. dass man mit jedem Mittelpunkt und Abstand den Kreis zeichnen könne,
IV. dass alle rechten Winkel einander gleich seien,
V. dass, wenn eine gerade Linie beim Schnitt mit zwei geraden Linien bewirke, dass innen auf derselben Seite entstehende Winkel zusammen kleiner als zwei Rechte würden, dann die zwei geraden Linien bei Verlängerung ins Unendliche sich treffen würden auf der Seite, auf der die Winkel lägen, die zusammen kleiner als zwei rechte seien.

I.

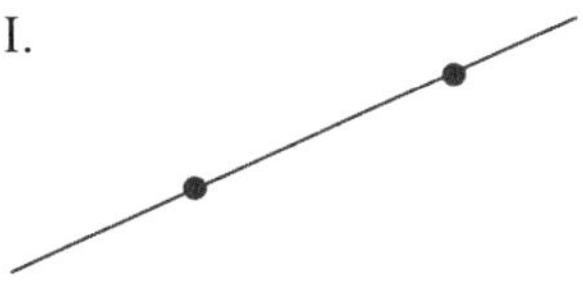

II.

III.

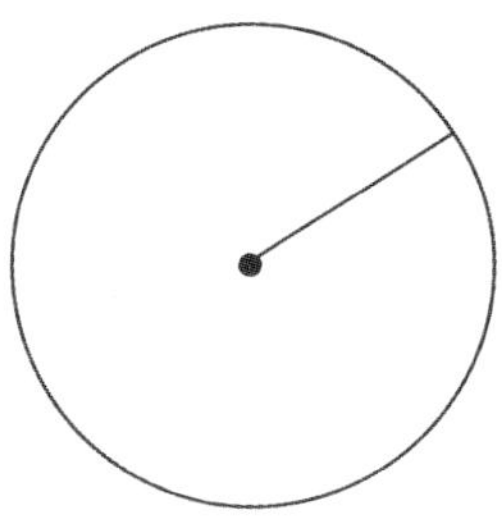

IV.

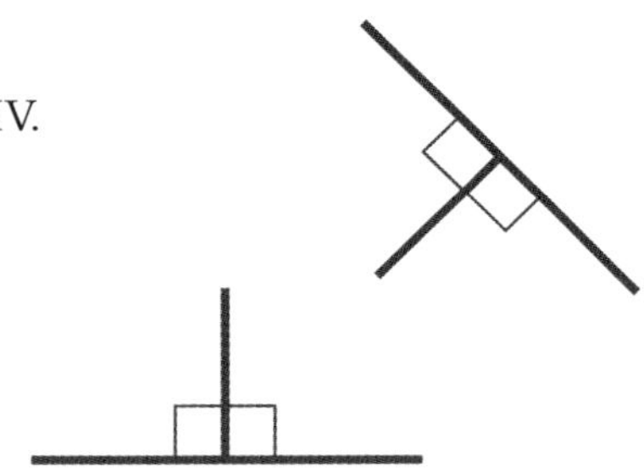

V.

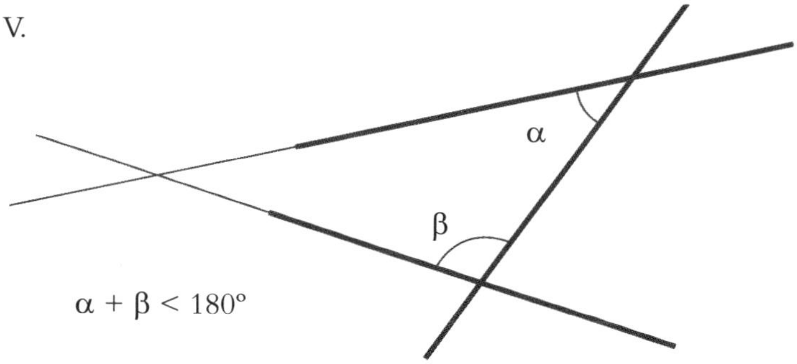

V'.

Laut dem fünften Postulat gilt: Wenn die Winkel eine Summe von weniger als zwei rechten Winkeln ergeben, treffen sich die Linien (sie konvergieren). Dann muss auch das Gegenteil der Fall sein: Wenn die Winkelsumme mehr als zwei rechte Winkel ergibt, treffen sich die Linien nie (sie divergieren). Was passiert, wenn die Winkelsumme genau gleich zwei rechten Winkeln ist? Sie können nie konvergieren oder divergieren und werden als parallel bezeichnet – sie schneiden sich nie. Das fünfte Postulat war jedoch schnell verdächtig. Es fällt auf, weil es weder klar noch intuitiv ist. Euklid verwendet Postulat V auch erst bei der Formulierung seines 29. Postulats:

Die Summe der Winkel eines Dreiecks ergibt zwei rechte Winkel (180°).

Wie Euklid später bewies, ist diese zweite Eigenschaft, Nr. 29, äquivalent mit dem fünften Postulat. Alle Dreiecke werden durch den Schnittpunkt von zwei nicht parallelen Linien gebildet, die dann mit einer dritten Linie verbunden werden. Die parallelen Linien von Postulat V bilden einen Sonderfall, wobei die dritte, verbindende Linie senkrecht auf den beiden anderen steht, und diese beiden Winkel zusammen 180° ergeben, sodass nichts mehr für den dritten Winkel des Dreiecks bleibt. Laut Euklid gibt es aus diesem Grund kein Dreieck mit zwei rechten Winkeln. Der berühmte Satz des Pythagoras erscheint ebenfalls als Sonderfall von Postulat V, wobei nur einer der Winkel 90° aufweist, und damit gilt:

„In einem rechtwinkligen Dreieck ist das Quadrat der Hypotenuse gleich der Summe des Quadrats der beiden anderen Seiten."

Sieht man genauer hin, stellt man fest, dass es tatsächlich mehrere Äquivalente zum fünften Postulat gibt, die an viel mehr Stellen erscheinen, als Euklid vermutlich beabsichtigt hatte.

Aussagen, die äquivalent zum fünften Postulat sind

Das fünfte Postulat verursachte einen Skandal. Die Idee paralleler Linien, die sich undefiniert weit erstrecken, führt das Konzept der Unendlichkeit ein. Darüber hinaus sieht es gemäß dem Wortlaut von Euklid eher wie ein Satz als wie eine universelle Wahrheit aus. Aus diesem Grund waren viele Mathematiker jahrhundertelang der Überzeugung, dass es eigentlich eine Eigenschaft sei, die bewiesen werden konnte, und sie widmeten sich der Aufgabe, diesen Beweis zu finden. Dies führte zu einer großen Anzahl äquivalenter Aussagen. Die wichtigsten davon, insbesondere aus der Perspektive der neuen Geometrien, sind nachfolgend aufgeführt.

Der griechische Philosoph Proklos (410–485 n.Chr.) war der berühmteste Vertreter der Athener Schule der Mathematiker. Ihm ist das Postulat der Äquidistanz zuzuordnen, nämlich wie folgt:

„Eine Parallele zu einer vorgegebenen geraden Linie hält eine konstante Distanz zu dieser ein."

Der große französische Mathematiker Adrien-Marie Legendre (1752-1833) versuchte sich zuerst in seinem Buch *Éléments de géométrie* an einem Beweis des fünften

GEOMETRIE IN DER KUNST

Künstler verwenden Punkte, Geraden und andere Objekte in ihren Arbeiten. Ihre Interpretationen sind sehr hilfreich bei der Beantwortung von Fragen: Was ist ein Punkt? Was ist eine Gerade? Was verstehen wir wirklich unter „parallel"? Wassily Kandinsky (1866-1944) war ein russischer Maler, Dichter, Dramatiker und Lehrer. Er beschäftigte sich mit Jura und Wirtschaftswissenschaften an der Universität, was er schließlich mit Zeichnen und Malen kombinierte. Seine Erfahrungen als Lehrer führten schließlich zu seinem zweiten Werk *Punkt und Linie zu Fläche* (1925), worin Kandinsky eine Linie als einen „über eine Seite gezogenen Punkt" definiert.

Postulats. Das Buch war ein großer Erfolg. Mehr als vierzig Jahre suchte er nach einem mathematisch einwandfreien Beweis des fünften Postulats, der zugleich verständlich für seine Studenten sein sollte, die das Buch lasen. Er kam dem Ganzen sehr nahe, starb aber, bevor er die Entdeckung der nichteuklidischen Geometrien erleben konnte. Nichtsdestoweniger formulierte er das Postulat der Winkel eines Dreiecks:

„Es gibt ein Dreieck, in dem die Summe der Winkel gleich zwei rechten Winkeln ist."

Jetzt sollten wir János Bolyai ins Spiel bringen, um den es später noch genauer gehen soll. Der Vater von Bolyai, ebenfalls Mathematiker, versuchte erfolglos, einen Beweis für das fünfte Postulat zu finden, deshalb wollte er verhindern, dass sein Sohn Zeit mit diesem Problem verschwendet. János wollte jedoch sehr viel mehr, als das fünfte Postulat zu beweisen. Es begann mit dem Postulat der drei Punkte:

„Drei Punkte, die nicht auf einer geraden Linie liegen, beschreiben immer einen Kreis."

Wir werden später auch noch genauer auf den sogenannten „Prinz der Mathematik" eingehen, den Deutschen Johann Carl Friedrich Gauß, der 1792, im Alter von gerade einmal 15 Jahren, mit der Arbeit am fünften Postulat begann, und der 1817 schließlich davon überzeugt war, dass es völlig unabhängig von den anderen vieren sei. Er formulierte das Postulat der Fläche eines Dreiecks:

„Es gibt Dreiecke, deren Flächen beliebig groß sind."

Wieder anders ging der schottische Mathematiker und Geologe John Playfair (1748-1819) an das Problem heran. Sein „Postulat der Parallelen", das keinesfalls Euklid hinterfragen sollte, wurde zur favorisierten Form, in der das fünfte Postulat in Grundschulen gelehrt wird, und die am häufigsten in Lehrbüchern zu finden ist. Tatsächlich wird es häufig als die eigentliche Definition des fünften Postulats von Euklid verwendet. Sein Geheimnis liegt in seiner Einfachheit – es ist sehr viel einfacher zu verstehen als der Originalwortlaut Euklids:

„Nur eine einzige parallele Linie kann einen Punkt außerhalb einer geraden Linie durchlaufen."

Dies kann auch wie folgt ausgedrückt werden: „Durch einen Punkt, der nicht auf einer vorgegebenen Linie liegt, kann nur eine Linie gezeichnet werden, die die vorgegebene Linie nie schneidet (siehe V'. auf Seite 31)."

DAS THEOREM VOM GROSSEN PUNKT

Das Theorem vom großen Punkt ist ein eher unorthodoxes Ergebnis, das wie folgt beschrieben werden kann:

„Die Anzahl der Parallelen zu einer vorgegebenen Geraden, die durch einen Punkt außerhalb dieser Gerade gezogen werden kann, ist davon abhängig, wie groß der Punkt ist."

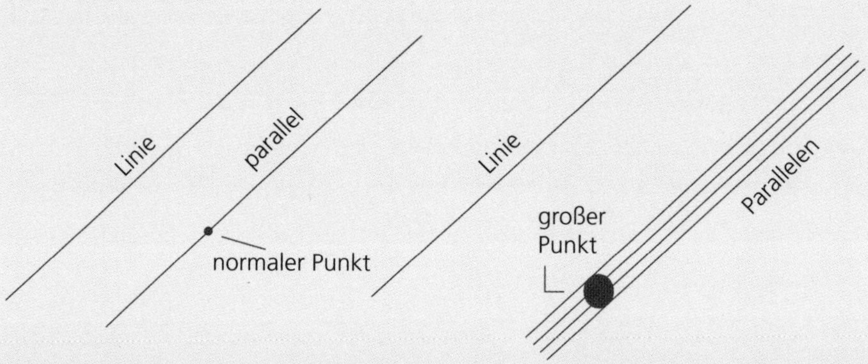

Durch einen großen Punkt verlaufen mehrere Geraden, die parallel zu einer bestimmten Gerade sind. Das bedeutet gleichzeitig: „Durch einen großen Punkt können beliebig viele Parallelen (und Senkrechten) zu einer gegebenen Gerade gelegt werden."

Das ist natürlich nur ein mathematischer Spaß, aber hinter dem humorvollen Aspekt führt das Theorem zu ein paar interessanten Fragen. Woher wissen wir, wie viele Linien (im euklidischen Sinne) durch die Dicke eines Filzstiftpunkts führen? Um zu überprüfen, ob diese Linien wirklich parallel sind, müssten sie unendlich lang gezeichnet werden, und es gibt nicht genügend Papier auf der Welt, um sie vollständig darzustellen. Aus diesem Grund kann das fünfte Postulat von Euklid nicht experimentell bewiesen werden.

Wie auch immer, selbst eine so klare und offensichtliche Aussage wie diejenige von Playfair hat die meisten Geometer nicht überzeugt, die sie ablehnten. Warum diese Besessenheit, den unsterblichen Euklid anzuzweifeln?

Die Geometrie der Gemälde der Renaissance

Eine spezielle Leidenschaft verband Leonardo DaVinci (1452-1519) und Albrecht Dürer (1471-1528), womit sie zu mehr als herausragenden Malern der Renaissance

DIMENSION

Im Allgemeinen sind die Ideen von Euklid Abstraktionen der Realität. Ein dimensionsloser Punkt, eine Linie ohne Dicke oder Breite, sondern nur mit einer Länge usw. All dies gehört zu den Konzepten der Größe, wobei die Breite und die Dicke jede Dimension definieren. Ein Punkt hat keine Größe, deshalb hat er auch keine Dimensionen. Eine Linie besitzt nur eine Länge, sie ist also eindimensional. Eine Fläche hat keine Dicke und ist damit zweidimensional. Und ein Körper schließlich, wie beispielsweise ein Würfel, hat drei Dimensionen. In der euklidischen Geometrie haben die einzig möglichen Dimensionen ganzzahlige Werte: 0, 1, 2 und 3.

wurden, nämlich zu großen Theoretikern, die in der gesamten Kunstgeschichte immer wieder auftauchen. In seiner theoretischen Arbeit *Die Underweysung der Messung*, veröffentlicht 1525 in Deutschland, schrieb Dürer:

> „Was die Verwendung der Farbe betrifft, sind die deutschen Maler allen überlegen, aber sie zeigen gewisse Defizite im Hinblick auf Proportion, Perspektive usw. Ohne die richtigen Proportionen kann kein Gemälde perfekt sein, unabhängig davon, wie sorgfältig es gemalt wurde. Jeder, der die Kunst der Malerei beherrschen will, muss deshalb vor allem lernen, was Proportion ist, und verstehen, wie Objekte in Projektion und Perspektive zu zeichnen sind."

Leonardo und Dürer suchten beide nach einer Möglichkeit, ein dreidimensionales Bild in zwei Dimensionen darstellen zu können. Wie kann man einem Gemälde Tiefe verleihen? Diese Frage führte zu den Konzepten der Perspektive, der Projektion und des Schnitts, die zu einer speziellen Geometrie gehören, der sogenannten projektiven Geometrie.

Die projektive Geometrie ist ein in der Renaissancekunst entwickeltes mathematisches Modell. Man stellte sich die Oberfläche eines Bildes als Glasfenster vor, durch das der Künstler das dargestellte Objekt betrachten konnte. Sichtlinien verließen das Objekt und konvergierten am Auge. Und dort, wo sie das Fenster schnitten, bildeten sie die Projektion des Objekts auf dieser Oberfläche. Dies ist deutlich zu sehen im Stich *Der Zeichner der Laute*, in dem der deutsche Künstler zeigt, wie das Bild die Projektion in Übereinstimmung mit der Methode aus der *Underweysung* (siehe oben) erfasst. Die Person auf der linken Seite, der Assistent des Künstlers, hält eine Glasscheibe, auf der eine Darstellung des Objekts auf dem Tisch perspektivisch zu sehen ist.

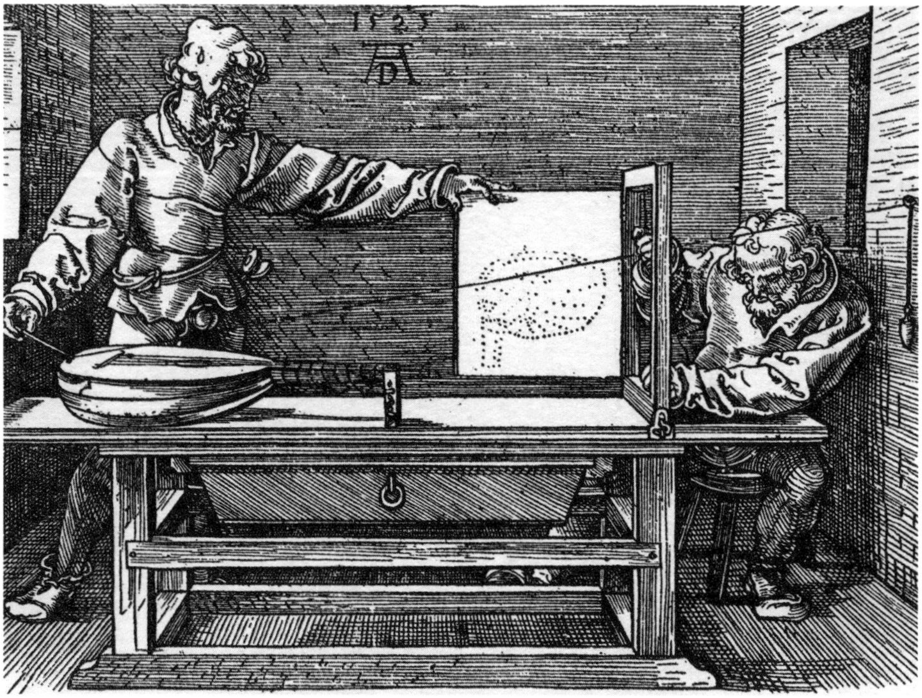

Dieser Stich ist in Institutiones Geometricae *(1525) enthalten und trägt den Titel* Der Zeichner der Laute. *Dürer zeigt darin, wie eine perspektivische Zeichnung unter Verwendung der Projektion erstellt wird.*

Um diese Zeichnung zu erstellen, wird die Leinwand in dem Rahmen platziert, den der Künstler (rechts) hält. Wenn die Lichtstrahlen (gerade Linien) vom Objekt durch die Leinwand zum Auge des Künstlers verlaufen, bilden sie ein Abbild des Objekts auf der Leinwand – die Projektion. Für den Künstler sind die relevanten Faktoren die Perspektive und die Ebenenprojektion.

Beachten Sie, dass parallele Linien, die in der projektiven Geometrie auf Leinwände gemalt werden, an einem Punkt konvergieren, der als Fluchtpunkt oder Unendlichkeit bezeichnet wird. Das Konzept einer parallelen Linie wird zum Konzept von Linien, die sich an einem Punkt treffen, der unendlich weit entfernt ist. Dieser unendlich weit entfernte Punkt liegt jedoch noch im Sichtfeld des Betrachters.

Ein gutes Beispiel für den Fluchtpunkt ist im Zweidimensionalen der Punkt, an der sich gerade Eisenbahnschienen treffen, wenn sie auf eine flache Oberfläche gezeichnet werden. Ein weiteres Beispiel wäre etwa die Zeichnung eines Architekten, die auf eine ebene Fläche projiziert wird, um eine realistischere Ansicht des Designs zu schaffen.

Fluchtpunkt in der Realität bei der Ansicht von Bahngleisen (oben) und in einer künstlerischen Projektion (unten), eine Abbildung aus dem Traktat über die Perspektive *des flämischen Künstlers Vredeman de Vries, veröffentlicht 1565.*

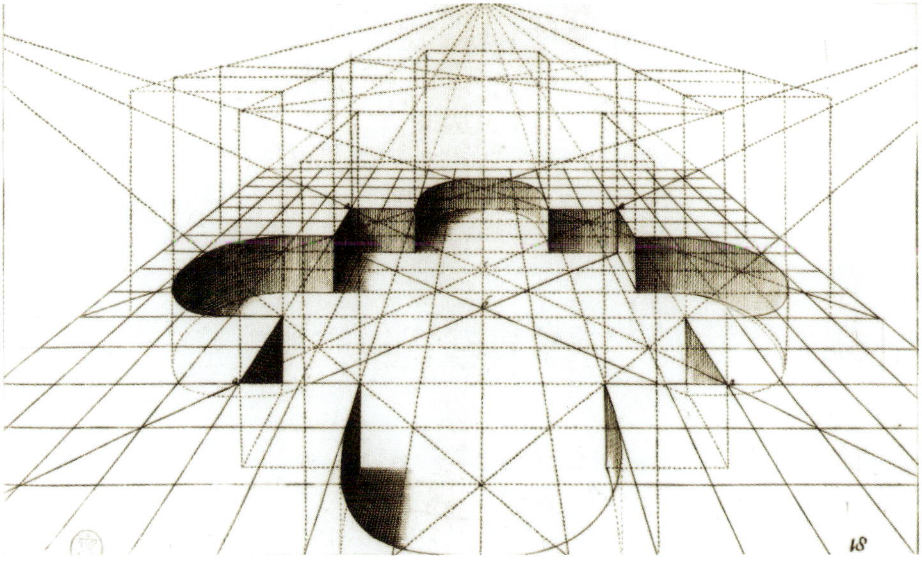

Die projektive Geometrie kann Bilder verzerren, weil die Längen, Winkel oder Dimensionen der normalen euklidischen Geometrie dabei nicht unbedingt beibehalten werden. Im Wesentlichen ist die projektive Geometrie die Geometrie der Künstler. Linien, die für Euklid parallel waren, waren damit für die Künstler der Renaissance nicht unbedingt parallel. Irgendetwas war mit dem eigentlichen Konzept der Parallelität passiert.

Die Herausforderung Euklids

Bis zum Ende des 18. Jahrhunderts hatte die Mathematik vor allem die Aufgabe, die physische Realität der Welt, in der wir leben, zu rechtfertigen. Im darauffolgenden Jahrhundert änderte sich dieses Verständnis mit der Einführung der nichteuklidischen Geometrie. Das 23 Jahrhunderte dauernde Regime von *Elemente* war vorbei, aber gleichzeitig begann sich auch zu wandeln, was die Menschen bis dahin als Realität betrachtet hatten.

Immanuel Kant war der Meinung, der Raum sei ein Referenzsystem, das nur im menschlichen Verstand existiere, und dass die Axiome und Postulate der euklidischen Geometrie deshalb Konzepte seien, die ohne weitere Beweise im Verstand als festes Wissen vorhanden waren. Nichtsdestoweniger war er der erste, der die Wahrscheinlichkeit einer anderen Art von Geometrie akzeptierte. In einer ersten, 1746 veröffentlichten Arbeit spricht er Räume mit mehr als drei Dimensionen und Zuständen an:

> „Wenn es möglich ist, dass es Ausdehnungen von anderen Abmessungen gebe, so ist es auch sehr wahrscheinlich, dass sie Gott wirklich irgendwo angebracht hat. Denn seine Werke haben alle die Größe und Mannigfaltigkeit, die sie nur fassen können."

Die von Kant angesprochenen Geometrien werden heute als nichteuklidische Geometrien bezeichnet, die mehr als drei Dimensionen haben. In formaler Hinsicht sind euklidische Geometrien diejenigen, die in den ersten sechs Büchern von *Elemente* ausgedrückt werden, und die nichteuklidischen Geometrien diejenigen, die aus einer Ablehnung des fünften Postulats entstehen. In der Version des Postulats von Playfair bietet die Ablehnung zwei Möglichkeiten, nämlich die Eindeutigkeit der parallelen Linie abzulehnen, oder ihre Existenz abzulehnen. Dies kann durch die folgenden alternativen Aussagen ausgedrückt werden:

IMMANUEL KANT (1724-1804)

Der gefeierte deutsche Philosoph Immanuel Kant erhielt eine strenge Erziehung, in der Latein und Religion weit vor der Mathematik und den Naturwissenschaften rangierten. Erst an der Universität lernte er Mathematik und Physik genauer kennen. Als sein Vater starb, musste er jedoch sein Studium unterbrechen und als Privatlehrer arbeiten, um seinen Lebensunterhalt zu verdienen. 1755 half ihm ein Freund, seine Ausbildung fortzusetzen, und er erhielt einen Doktortitel. Kant wurde schließlich Lehrer und arbeitete 15 Jahre lang an der Universität. Er hielt Vorlesungen in Geschichte, Naturwissenschaften und Mathematik bis hin zu allen Zweigen der Philosophie.

Kant wird als einer der brillantesten Denker des modernen Europas betrachtet. Seine Denkweise hatte von Anfang an maßgeblichen Einfluss auf alle Intellektuellen und bildet heute noch den Grundstein eines Großteils der modernen Philosophie, wo ständig auf ihn verwiesen wird. Seine Gedanken spiegeln sich in zahlreichen Disziplinen wider: Philosophie, Jura, Ethik, Logik usw. Zusammen mit Platon, Aristoteles und Descartes bildet Kant das Rückgrat der westlichen Philosophie. Er ist der Vater der modernen Philosophie.

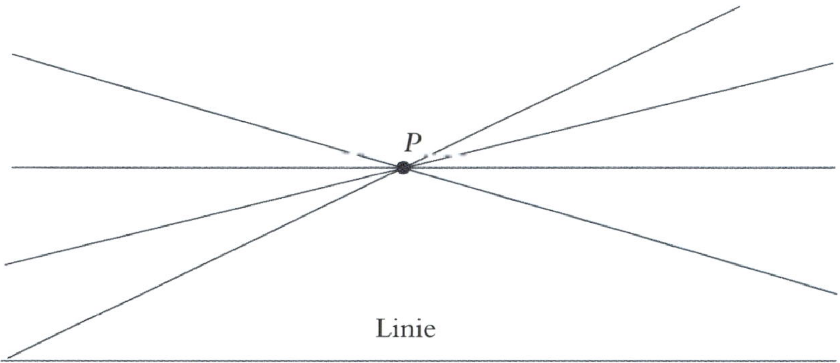

1. Mehr als eine zu einer geraden Linie l parallele Linien durchlaufen einen Punkt P, der nicht auf l liegt.

2. Keine Linien, die einen Punkt P durchlaufen, der außerhalb einer geraden Linie l liegt, sind parallel zu l.

Um diese Ergebnisse vollständig interpretieren zu können, müssen wir uns über unsere mentale Wahrnehmung einer parallelen Linie hinausbewegen. Es kann eine neue Geometrie konstruiert werden, die alle Postulate von Euklid berücksichtigt, aber das fünfte Postulat durch einige ihrer Alternativen ersetzt. Diese Geometrien erzeugen immer noch kohärente Ergebnisse, ohne dass sie von internen Widersprüchen befleckt werden. Die erste Möglichkeit wurde von Nikolai Lobatschewski (1792-1856) und János Bolyai (1802-1860) vorgeschlagen und führte zu der sogenannten hyperbolischen Geometrie. Die zweite Möglichkeit wurde von Bernhard Riemann (1826-1866) vorgeschlagen und führte zu der elliptischen Geometrie, wie wir sie heute bezeichnen.

Die Debatte über nichteuklidische Geometrien besteht aus zwei Phasen. Die erste Phase enthält die Versuche, das fünfte Postulat zu beweisen, die zweite Phase umfasst die Konstruktion neuer Geometrien, die das fünfte Postulat ersetzen und gleichzeitig zusammen mit der euklidischen Geometrie existieren. Diese Betrachtungen setzen eine maßgebliche Veränderung in der üblichen Denkweise über die Realität voraus. Beispielsweise kann das Postulat von Euklid auf der Ebene der Winkel eines Dreiecks untersucht und in die vorgeschlagenen alternativen Postulate übersetzt werden. Die drei Innenwinkel eines Dreiecks ergeben 180° – aber nur in der euklidischen Welt, wo parallele Linien in die Unendlichkeit laufen und der Raum nicht gekrümmt ist. Was wäre, wenn Euklid sich in die Unendlichkeit hätte bewegen können, um zu überprüfen, was dort mit den parallelen Linien passiert? Und was, wenn sie sich getroffen hätten? Der Raum wäre gekrümmt gewesen und die Winkel eines Dreiecks hätten mehr als 180° ergeben, so wie das Dreieck, das man auf die Oberfläche einer Orange gezeichnet hat. Analog dazu ergeben in

ZUR ERINNERUNG

1. Durch einen Punkt außerhalb einer Geraden verläuft eine einzige Gerade, die zu dieser ersten Geraden parallel ist.
2. Durch einen Punkt außerhalb einer Geraden verlaufen mehr als eine Gerade, die zu dieser ersten Geraden parallel sind.
3. Durch einen Punkt außerhalb einer Geraden verläuft keine Gerade, die zu dieser ersten Geraden parallel ist.

All diese Postulate sind möglich und führen zu neuen Geometrien.

der hyperbolischen Geometrie, wo sich parallele Linien unweigerlich voneinander entfernen, die Winkel eines Dreiecks weniger als 180°.

Die euklidische Geometrie behält die grundlegendsten Begriffe und Konzepte der gesamten Geometrie bei, wie beispielsweise Punkt, Gerade und Ebene, aber diese Konzepte müssen neu definiert werden. In den neuen Geometrien ist eine gerade Linie eine Linie, die die kürzeste Distanz zwischen zwei Punkten darstellt, während eine Ebene eine Oberfläche mit den folgenden Eigenschaften ist: Wenn zwei Punkte auf einer geraden Linie in dieser Oberfläche enthalten sind, gehören alle anderen Punkte auf der geraden Linie zur Oberfläche.

Diese Ideen sind in beiden Geometrietypen gültig. Sie führen zu einer neuen Denkweise über Formen. Nichteuklidische gerade Linien scheinen sich vielleicht zu drehen und zu wenden, und in der sogenannten sphärischen Geometrie wird die Kugel als Ebene betrachtet, und ihre großen Kreise sind gerade Linien. Die Terminologie ist in beiden Geometrien gleich, weil in beiden die gerade Linie die einfachste Linie ist, und die Ebene auch die einfachste Oberfläche.

EIN PAAR UNGLÜCKSELIGE WORTE

Ende der 1950er-Jahre trafen sich Mathematiker aus der ganzen Welt auf Seminaren und Kongressen in Europa und Amerika, um die Notwendigkeit zu diskutieren, die sogenannte „moderne Mathematik" in der Hochschule einzuführen. Das berühmteste dieser Treffen fand im November 1959 in Royaumont in Frankreich statt. Dort beendete der französische Mathematiker Jean Dieudonné (1906-1992) seinen Beitrag zur Debatte mit einem Verweis auf *Elemente* und rief „Nieder mit Euklid!". Dieser Ausspruch setzte sich fest und verbreitete sich in der Mathematikergemeinde, wo er auf ewig den Anforderungen der modernen Mathematik zugeordnet wurde.

Diese Worte hätten nicht unglückseliger oder falscher sein können. Noch schlimmer ist, dass sie von einem der wichtigsten Mathematiker des 20. Jahrhunderts ausgesprochen wurden. Es muss nicht weiter auf die Bedeutung des Werks *Elemente* und seines Autors hingewiesen werden: Ohne Euklid könnten wir die Realität nicht erklären und keine anderen Geometrien ableiten. Glücklicherweise haben Lehrer weltweit Euklid rehabilitiert und lehren seine Geometrie auch weiterhin.

Wie können wir sicher sein, dass zwei gerade Linien parallel sind? Wir müssten sie bis in die Unendlichkeit weiterführen und überprüfen, ob sie sich nie kreuzen. Der menschliche Verstand besitzt ein eigenes, abstraktes Konzept einer geraden Linie, mit einer Länge, aber ohne Breite. Man kann sich zwei Linien vorstellen, die sich nie kreuzen, und die immer dieselbe Distanz voneinander besitzen. All dies kann man sich vorstellen, es aber nicht experimentell beweisen. Letztlich ist die euklidische Geometrie genauso eine abstrakte Idee wie alle anderen.

Kapitel 3

Ein Wettstreit, ausgelöst von Euklid

Seit der Antike gab es zum fünften Postulat reichlich Kommentare und Kritiken in den Arbeiten der berühmtesten Geometer. Die meisten von ihnen waren davon überzeugt, dass es mit Hilfe der anderen Postulate bewiesen werden konnte, und sie konzentrierten ihre Bemühungen darauf, diesen Beweis zu finden, bevor sie es schließlich als Theorem einordneten.

Nach mehreren Jahrhunderten der Theorien und der mathematischen Entwicklungen konnte niemand zeigen, dass das Postulat falsch war, aber auch niemand konnte darlegen, dass die Geometrien, die es ablehnten, sich irrten.

Der letzte griechische Meister

Die Liste der Mathematiker, die versucht haben, das fünfte Postulat von Euklid zu beweisen, umfasst einige der schillerndsten Namen der Mathematikgeschichte. Ihre Arbeiten haben die Tür für neue Geometrien geöffnet, und wir dürfen ihre Pionierarbeit in diesem Bereich auf keinen Fall vergessen.

Alle Bemühungen waren jedoch umsonst. Jeder, der es versuchte, gelangte zu Ergebnissen, die vom fünften Postulat abgeleitet waren, aber man fand nie den klaren Beweis, nach dem man suchte. Einer der ersten Versuche stammt von Proklos im 5. Jahrhundert nach Christus. Proklos hinterließ zahlreiche Gedanken schriftlich, wie beispielsweise auch den folgenden:

> „Es sollte komplett aus den Postulaten entfernt werden, weil es sich um ein Theorem handelt, voll mit Schwierigkeiten, die Ptolemäus in einem Buch lösen wollte. Sein Beweis benötigte verschiedene Definitionen und Theoreme. Darüber hinaus wurde die kontroverse Proposition letztlich durch ein Theorem von Euklid selbst bewiesen. Die Aussage „wenn gerade Linien sich immer weiter und weiter erstrecken, kreuzen sie sich irgendwann" scheint plausibel zu sein, ist aber unnötig. Aus diesem Grund ist klar, dass wir einen Beweis für dieses Theorem finden müssen, das nicht die spezielle Natur eines Postulats aufweist."

PROKLOS VON ALEXANDRIA (412-485 N.CHR.)

Der griechische Mathematiker Proklos wurde in Konstantinopel geboren und starb in Athen. Er war der letzte heidnische Wissenschaftler von Bedeutung. Aufgrund seines Heidentums wurde er aus Athen vertrieben und sein Exil dauerte ein Jahr lang. Er war ein hervorragender Kommentator von Ptolemäus und Euklid und ist deshalb eine sehr wichtige Figur in der frühen griechischen Geometrie.

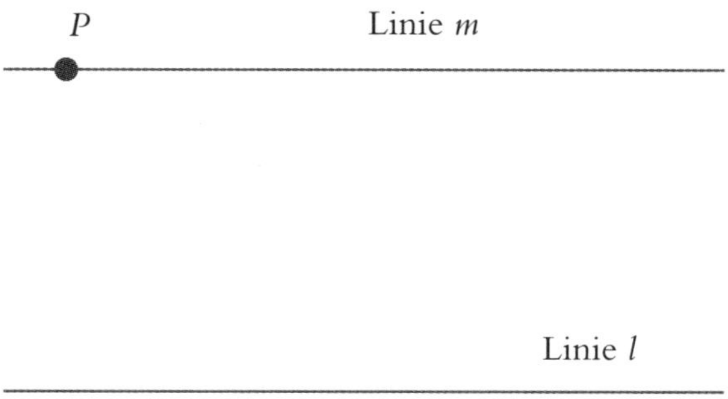

Tatsächlich wollte der griechische Mathematiker zeigen, dass nur eine einzige parallele Linie *m* einen Punkt *P* durchläuft, der außerhalb einer geraden Linie *l* liegt.

Proklos ging davon aus, dass mindestens eine Linie parallel zu *l* den Punkt *P* durchläuft, und bezeichnete diese als *m*. Damit wollte er beweisen, dass jede andere gerade Linie durch *P* ungleich *m* die Linie *l* schneidet, woraus er schloss, wenn es eine parallele Linie durch *P* gibt, dann muss diese eindeutig sein. Er betrachtete dann eine gerade Linie *n* ungleich *m* durch *P* und bezeichnete das untere Ende der Senkrechten auf die Linie *l* als den Punkt Q.

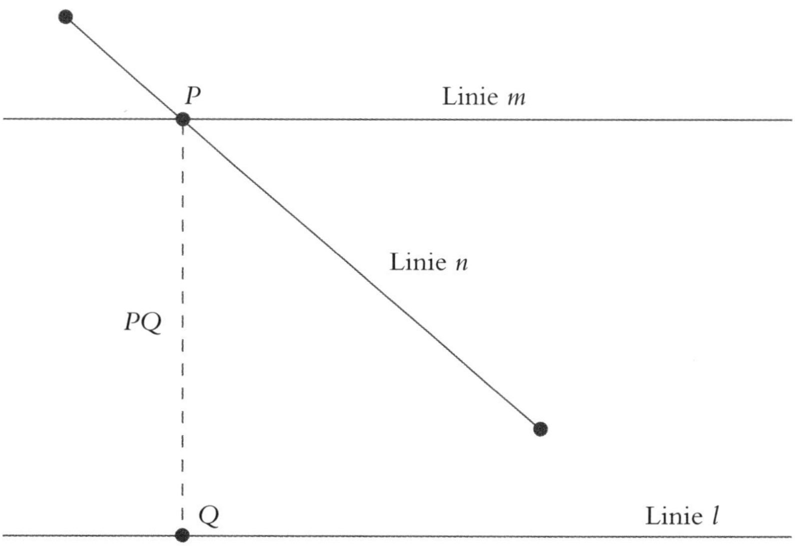

Es gilt: Wenn *n* die gerade Linie ist, die durch *P* und *Q* festgelegt ist, schneidet *n* die Linie *l* in *Q*. Was aber ist, wenn *n* nicht die Linie ist, die durch *P* und *Q* festgelegt ist? In diesem Fall kann ein Punkt *Y* auf *n* betrachtet werden, und das untere Ende der Senkrechten auf die Linie *m* von *Y* kann als Punkt *Z* bezeichnet werden.

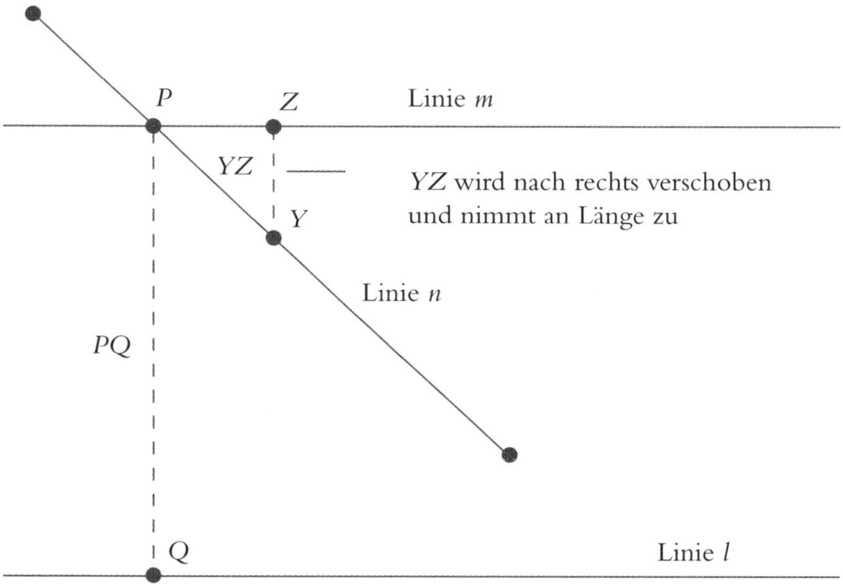

In der obigen Abbildung sehen wir, dass *PY* durch die gerade Linie *m* und *PQ* begrenzt ist. Der Punkt *Y* kann dann nach rechts verschoben werden und nimmt auch *YZ* gegen das Unendliche von *n* mit.

Dabei erkennen wir, dass die Größe von *YZ* zunimmt, wenn es verschoben wird (und es kann unendlich groß werden). Die Distanz zwischen *m* und *l* ist konstant, deshalb schließen wir, dass *n l* an irgendeinem Punkt schneidet. Proklos war der Meinung, er hätte damit das fünfte Postulat bewiesen.

Beachten Sie, dass die Beweisführung des griechischen Meisters davon ausgeht, dass die Distanz zwischen *m* und *l* konstant ist. Das einzige Argument, das genutzt werden kann, ist also, dass *m* und *l* sich nicht schneiden.

Darüber hinaus kann der Wert einer Größe unendlich zunehmen, ohne einen festgelegten Wert zu überschreiten. Folgt man den Erläuterungen von Proklos, so hat er bewiesen, dass das fünfte Postulat äquivalent zum Beweis ist, dass eine Linie parallel zu einer geraden Linie eine konstante Distanz von dieser einhält, was dasselbe ist wie das Postulat der Parallelen von Playfair.

Die mittelalterlichen Wächter der griechischen Erkenntnisse

Auch die arabischen Mathematiker beschäftigten sich mit dem Beweis des fünften Postulats. Ibn al Haytham (965-1039), im Westen auch unter dem Namen Alhazen bekannt, war der erste, der ihm seine Aufmerksamkeit widmete. Er erklärte, dass durch einen Punkt außerhalb einer Geraden nur eine parallele Gerade verläuft. Seine Aussage basiert auf der Tatsache, dass die geometrische Position von Punkten mit gleicher Distanz von einer Geraden ebenfalls eine Gerade bildet. Beachten Sie, dass sein Argument ebenfalls auf dem Konzept der Äquidistanz basiert. Der Ausgangspunkt (wenn ein Viereck drei rechte Winkel hat, muss auch der vierte Winkel ein rechter Winkel sein) ist wieder genau das fünfte Postulat von Euklid – er benutzt das fünfte Postulat, um das fünfte Postulat zu beweisen!

Der Perser Omar Khayyam (1048-1138) war für seine maßgeblichen Arbeiten zur Astronomie und zur Algebra ebenso in der arabischen Welt berühmt wie im Westen, insbesondere für seine Beiträge zur Geometrie. Seine berühmteste Arbeit, *The Truth about Parallels and Discussion of the Famous Uncertainty* (Die Wahrheit über Parallelen und eine Diskussion der berühmten Unsicherheit), enthält belegte Argumente unter Verwendung von Vierecken, die erst 600 Jahre später von dem italienischen Philosophen und Mathematiker Saccheri entwickelt werden sollten. In seinen Konstruktionen verwendete der Perser Vierecke mit den Punkten A, B, C und D, sodass die Seiten AB und CD kongruent sind (d. h. sie sind deckungsgleich). Die Winkel an den Ecken A und D sind rechte Winkel. Omar Khayyam bewies, dass die Ecken B und C ebenfalls kongruent sind, aber er zeigte nicht, dass sie rechte Winkel aufweisen müssen. Ein Viereck dieses Typs hat eine seltsame Form (s. Abb.).

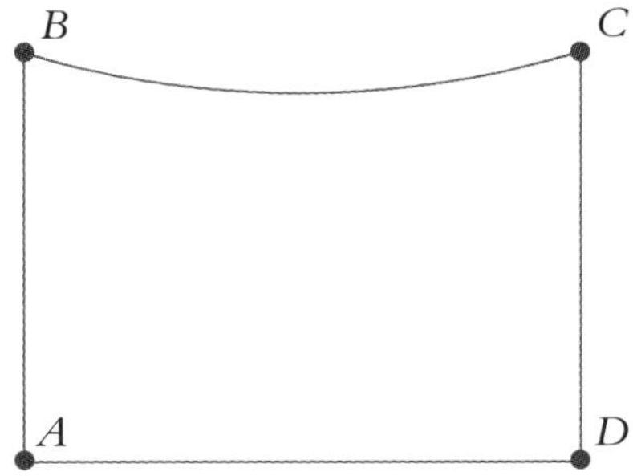

Die Moderne

Die Entwicklungen während der Renaissance sind durch Christopher Clavius (1538-1612) gekennzeichnet, der 1584 einen Kommentar zu *Elemente* formulierte. In seiner Arbeit fügte er eigene Sätze hinzu und erhöhte ihre Anzahl auf insgesamt 1.234.

Zwischen 1603 und 1607 bearbeitete er die erste Auflage von *Elemente* für China. Dieser Text wurde später auch von Saccheri und Descartes als Grundlage für ihre Forschungen verwendet.

Aufgrund seiner Ergänzungen von *Elemente* wurde Clavius auch als der „Euklid des 16. Jahrhunderts" bezeichnet. Seine Arbeit schien sehr radikal zu sein, und er hinterließ auch in vielerlei anderer Hinsicht Spuren. Als wichtigster Verfechter des gregorianischen Kalenders folgte dank ihm dem Donnerstag, dem 4. Oktober 1582 aus dem julianischen Kalender der Freitag, der 15. Oktober 1582 im gregorianischen System. Die Berechnungen von Clavius ermöglichten den Übergang von einem Kalender auf den anderen, womit 10 Tage aus der Geschichte einfach wegfielen!

Clavius führte einen Beweis des fünften Postulats, der ebenfalls das Postulat für seinen Beweis verwendete: Eine Linie, die gleich weit von einer anderen geraden Linie entfernt ist, ist eine gerade Linie.

John Wallis (1616-1703), Lehrer an der Universität Oxford und einer der Pioniere der modernen Mathematik, führte eine neue Interpretation des fünften Postulats ein, wobei er sich von der Idee der Äquidistanz verabschiedete und mit Hilfe von Dreiecken argumentierte. Er zeigte, dass:

> „Für jedes Dreieck kann ein weiteres Dreieck mit denselben Winkeln und proportionalen Seiten gezeichnet werden."

Dies ist jedoch ebenfalls wieder äquivalent zum ursprünglichen Postulat:

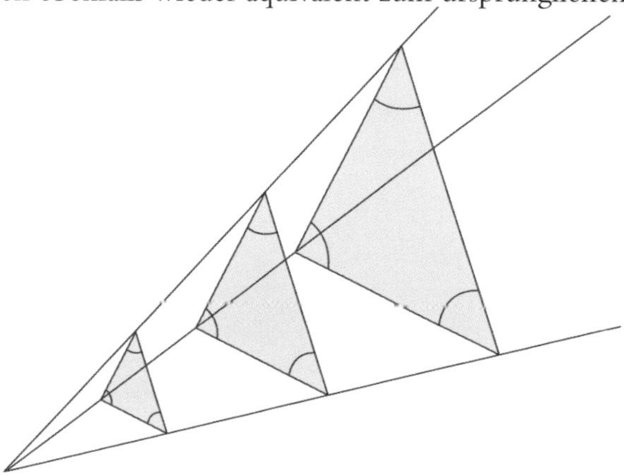

Alle Argumente scheiterten auf die eine oder andere Weise an Ergebnissen, die aus dem fünften Postulat abgeleitet oder dazu äquivalent waren, weil sie alle denselben fehlerhaften Ansatz verfolgten: Sie verwendeten das, was sie beweisen wollten, im Beweis.

Das Saccheri-Viereck

Die Situation blieb ausweglos, bis Girolamo Saccheri auf den Plan trat. Der Italiener schlug einen Beweis basierend auf einer *reductio ad absurdum*-Technik vor, wobei das Gegenteil dessen angenommen wird, was man beweisen will, um schließlich zu einem logischen Widerspruch zu gelangen. Anfänglich dachte Saccheri, er hätte das Postulat auf diese Weise bewiesen, aber später erkannte er, dass er keinen überzeugenden Widerspruch gefunden hatte.

Seine Arbeit schlägt vorsichtig die Existenz anderer Geometrien vor, die genau aus der Unmöglichkeit entstehen, einen Widerspruch zu finden, der den Inhalt des fünften Postulats ablehnt. Ohne es zu wissen, schlug er neue Geometrien vor, in denen das fünfte Postulat durch seine Ablehnung ersetzt wurde.

Saccheri ging von der Idee Omar Khayyams aus und betrachtete dasselbe Viereck, d. h. $ABCD$, wobei AB kongruent mit DC ist, und die Winkel A und D 90° umfassen. Diese Form wird heute auch als „Saccheri-Viereck" bezeichnet.

Um das fünfte Postulat zu beweisen, zeigte Saccheri, dass die Winkel B und C rechte Winkel sind. Laut dem fünften Postulat ist der Winkel C gleich dem Winkel B. Diese Situation ergibt drei Möglichkeiten.

1. Die Rechte-Winkel-Hypothese: Die Winkel B und C sind rechte Winkel.

GIROLAMO SACCHERI (1667-1733)

Saccheri trat als junger Mann in den Jesuitenorden ein und lehrte an der Jesuitenschule in Mailand. Später lehrte er Philosophie in Turin. Das waren jedoch nicht seine einzigen Interessen. Als Mathematiklehrer an der Universität Pavia erweiterte er seine Studien auf das fünfte Postulat Euklids und präsentierte es in seiner Arbeit *Euclides ab Omni Naevo Vindicatus*.

2. Die Stumpfe-Winkel-Hypothese: Die Winkel B und C sind stumpf, d. h. sie liegen zwischen 90° und 180°.

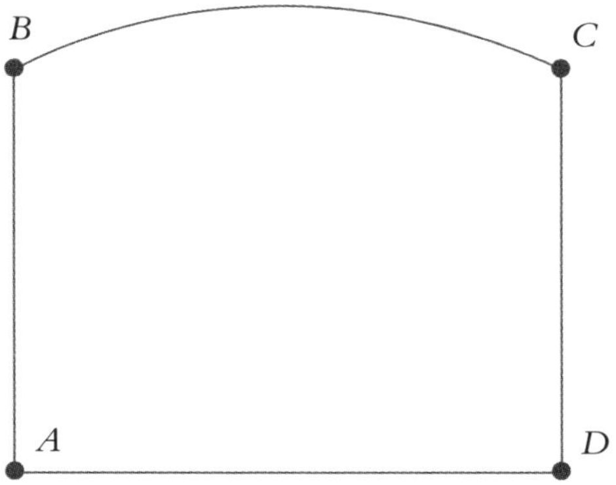

3. Die Spitze-Winkel-Hypothese: Die Winkel B und C sind spitz, d. h. sie liegen zwischen 0° und 90°.

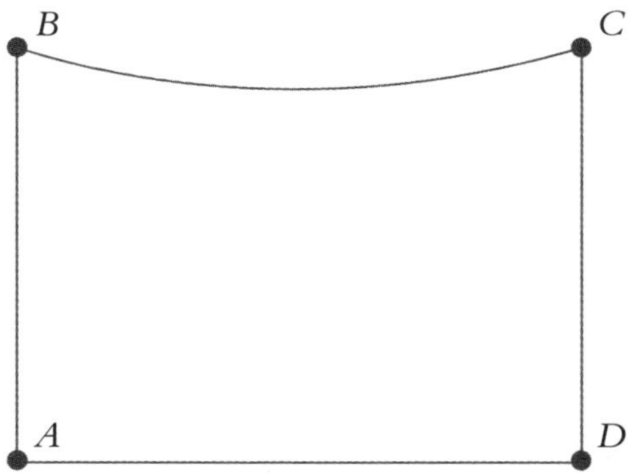

Saccheri zeigte, dass das Postulat der Parallelen äquivalent zur Rechte-Winkel-Hypothese ist, und versuchte dann zu beweisen, dass die anderen Hypothesen zu einem logischen Fehlschluss führen. Wäre er erfolgreich gewesen, hätte er das Postulat bewiesen. Als er den zweiten Fall betrachtete (die Stumpfe-Winkel-Hypothese), erzielte er einen Widerspruch und verwarf diese Möglichkeit. Er hatte zuvor erkannt, dass die Summe der Winkel kleiner oder gleich 360° sein musste. Anschließend ging er weiter zur Spitze-Winkel-Hypothese und konnte keinen Widerspruch finden. Wir können heute sicher sagen, dass der Widerspruch nicht existiert, und dass die Spitze-Winkel-Hypothese als eine der Grundlagen für die nichteuklidische Geometrie unsterblich geworden ist. Ein Jahrhundert später verwendete Lambert, um den es später noch gehen wird, die Hypothese, wobei *A*, *B* und *D* rechte Winkel sind, erfolglos für einen Beweisversuch.

Auf der Grundlage der Spitze-Winkel-Hypothese bewies Saccheri verschiedene Ergebnisse der nichteuklidischen Geometrie. Beispielsweise legte er dar, dass die Rechte-Winkel-, Stumpfe-Winkel- und Spitze-Winkel-Hypothesen äquivalent zu der Behauptung sind, dass die Summe der Innenwinkel eines Dreiecks gleich, größer oder kleiner als zwei rechte Winkel ist. Außerdem bewies er einige ungewöhnliche Ergebnisse in der euklidischen Geometrie, wie beispielsweise:

Punkt *P* liegt außerhalb einer geraden Linie *l*. Betrachten wir alle geraden Linien, die *P* durchlaufen, stellen wir fest, dass es zwei begrenzende gerade Linien gibt (mathematisch ausgedrückt, ist *l* eine „Asymptote"), dargestellt durch *m* und *n*. Sie unterteilen das Geradenbündel in zwei Teile, jeweils begrenzt durch *m* und *n*; wir finden also in dem einen Bereich alle Geraden, die *l* schneiden, und im anderen alle Geraden, die *l* nicht schneiden.

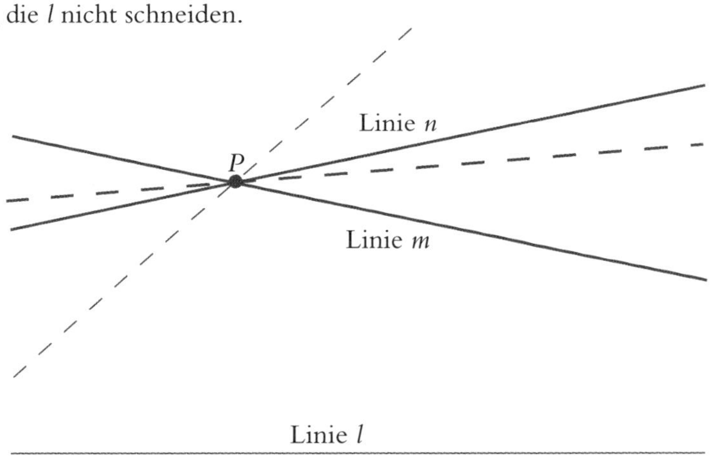

Die Geometrie, die entsteht, wenn die Spitze-Winkel-Hypothese als inkompatibel mit dem fünften Postulat erachtet wird, wird heute als hyperbolische Geometrie bezeichnet.

Die folgende Abbildung zeigt, dass die hyperbolische Geometrie den obigen Graphen reproduziert, aber die Linien *m* und *n* als gekrümmt darstellt, nicht, weil sie es wirklich sind, sondern um sie auf eine Weise darzustellen, die nicht mit der euklidischen Geometrie verwechselt wird. In dieser neuen graphischen Darstellung können wir erkennen, was die Tatsache, dass *m* und *n* asymptotisch sind, wirklich bedeutet.

Die Interpretation gekrümmter Linien ist sehr hilfreich für das Verständnis und die Untersuchung der hyperbolischen Geometrie, aber sie widerspricht der Intuition, die das euklidische System eingerichtet hat.

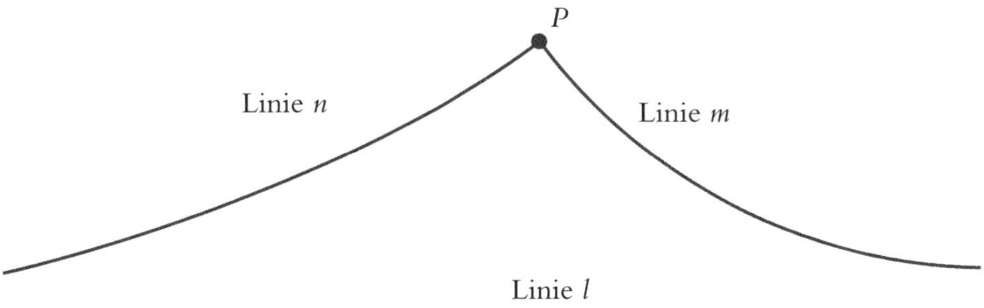

Die Arbeit von Saccheri enthält die ersten Ergebnisse dieser neuen Geometrie. Der Italiener erzielte erstaunliche Resultate, aber ihm fehlte der Mut. Angesichts der seltsamen Ausprägungen seiner Arbeit merkte er selbst in Satz XXXIII seines *magnum opus* an: „Die Spitze-Winkel-Hypothese ist absolut falsch, weil sie die Natur der geraden Linie verletzt." Das Problem der Parallelen sollte damit noch viele weitere Jahre ungelöst bleiben.

Das Zeitalter der Aufklärung

Im 18. Jahrhundert, während der sogenannten Aufklärung, wurde eine Arbeit des Schweizer Mathematikers Johann Heinrich Lambert (1728-1777) nach dessen Tod veröffentlicht, *The Theory of Parallels* (Die Theorie der Parallelen). Darin drückte er seine Zweifel aus, dass das fünfte Postulat von den anderen abgeleitet werden könne, und vermutete, man bräuchte vielleicht eine zusätzliche Hypothese.

DAS LAMBERTSCHE VIERECK

Lambert listete zahlreiche Aussagen auf, die bewiesen werden mussten und die auch das fünfte Postulat enthielten. Im letzten Teil seines Buches betrachtete er verschiedene Vierecke mit drei rechten Winkeln (*A*, *B* und *D*). Auch hier gab es drei mögliche Hypothesen zum vierten Winkel. Im Lambertschen Viereck sind die Winkel *A*, *B* und *D* rechte Winkel, die Seiten *AB* und *DC* sind senkrecht zu *AD* und gleich lang, und der Winkel C hat nicht 90°.

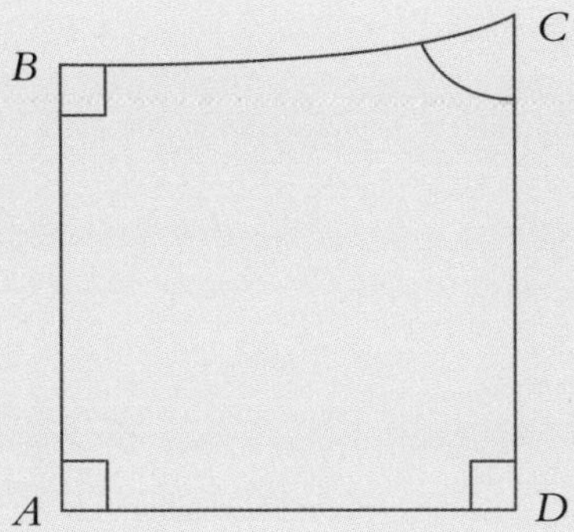

Die Arbeiten von Saccheri und Lambert erzielten keinen unwiderlegbaren Beweis der Unmöglichkeit, das Postulat der Parallelen zu beweisen. Die wiederholten Versuche eines Beweises waren wie ewige Schleifen, die immer wieder an den Ausgangspunkt zurückführten und auf dem Weg verworrene Ideen erzeugten. Wie wir bereits erwähnt haben, war das Problem, dass alle Versuche im Grunde das Ergebnis verwendeten, das sie zu beweisen versuchten.

Die Mathematikergemeinde war davon überzeugt, dass das Postulat der Parallelen ein echtes Postulat war und kein Theorem, und als solches keinen Beweis benötigte. Und obwohl alle Beweise fehlschlugen, wurde andererseits auch nicht bewiesen, dass es falsch ist. Die Bedeutung des Beweises des fünften Postulats von Euklid führte die Geschichte der Mathematik schließlich zum Konzept der nichteuklidischen Geometrien.

Kapitel 4
Die Konsolidierung der nichteuklidischen Geometrie

Die erste der nichteuklidischen Geometrien war die hyperbolische Geometrie, die entsteht, wenn das fünfte Postulat von Euklid durch Folgendes ersetzt wird:

> „Durch einen Punkt P außerhalb einer geraden Linie verlaufen mehr als eine gerade Linie, die parallel zu der vorgegebenen geraden Linie sind."

Mit dieser Aussage lösten Lobatschewski und Bolyai das Rätsel der Parallelen. Die beiden Mathematiker werden als Gründer der ersten nichteuklidischen Geometrie betrachtet. Beiden ordnet man die Einrichtung der hyperbolischen Geometrie zu, obwohl sie sich nicht kannten und nichts von ihren Arbeiten wussten, die unabhängig voneinander entstanden – gewissermaßen parallel.

Nikolai Lobatschewski: Die russische Seele der hyperbolischen Geometrie

Am 23. Februar 1826 beeindruckte der frühere Lehrer Nikolai Lobatschewski die Wissenschaftsgemeinde mit seiner Theorie zu den Parallelen bei einer Konferenz der Fakultät für Physik und Mathematik an der Universität Kazan. Die ersten Ergebnisse seiner Vorschläge wurden 1829 im Journal der Universität Kazan veröffentlicht. 1835 veröffentlichte er die vollständige Arbeit unter dem Titel *Neue Elemente der Geometrie*, worin er schreibt:

Nikolai Lobatschewski

> „Es ist bekannt, dass in der Geometrie die Theorie der Parallelen bisher unvollständig ist. Die erfolglosen Bemühungen seit Zeiten Euklids haben mich dazu gebracht, zu vermuten, dass die

Konzepte nicht die Wahrheit enthalten, die wir belegen wollten, sondern dass sie, genau wie andere Gesetze der Physik, nur in Experimenten verifiziert werden können, wie beispielsweise astronomische Beobachtungen. Nachdem ich schließlich von der Wahrheit meiner Vermutung überzeugt war, und davon ausgehen konnte, dass dieses schwierige Problem endlich gelöst ist, habe ich meine Argumente 1826 offengelegt."

Die Geschichte der hyperbolischen Geometrie ist eine Geschichte der Pioniere, voll von Ungerechtigkeiten und voller Lob, das zu spät oder überhaupt nicht ausgesprochen wurde. Außerdem wiederholt sie sich im Verlaufe der Jahrhunderte in der wissenschaftlichen Welt: Zwei große Denker arbeiteten getrennt voneinander, um schließlich zu den richtigen Ergebnissen zu gelangen.

Lobatschewski stammte aus einer armen Beamtenfamilie und lebte bis ans Ende seiner Tage in der russischen Stadt Kazan in der Nähe Sibiriens. Er widmete sein Leben in strengster Disziplin völlig der Mathematik. Der junge Nikolai durfte dank mehrerer Stipendien studieren, was sich für das zaristische Russland als hervorragende Investition herausstellte.

1811 erhielt er einen Lehrauftrag an der Universität Kazan, und drei Jahre später wurde er zum Professor für Physik und Mathematik. Außerdem war er verantwortlich für die Bibliothek und das Observatorium.

Lobatschewski wurde 1827 zum Kanzler der Universität Kazan ernannt. Diesen Posten nahm er 19 Jahre lang ein – eine ertragreiche Zeit für die Universität, innerhalb derer er zahlreiche grundlegende Reformen durchführte und der wissenschaftlichen Forschung Vorrang einräumte. Paradoxerweise führte gerade die Brillanz seiner Arbeit über das fünfte Postulat aus *Elemente* zu seinem Niedergang. Gemäß einer dunklen Legende in der Geschichte der Mathematik sorgte sein Mathematikerkollege Mikhail Ostrogradski für seine Entlassung. Ostrogradski konnte es nicht ertragen, dass Lobatschewski Euklid hinterfragte.

Anschließend wurde der Mathematiker schnell kränklich und verlor das Augenlicht. Lobatschewski musste viele seiner Arbeiten diktieren, unter anderem das einflussreiche Werk *Pangeometry* (1855). Als er am 24. Februar 1856 in seiner Heimatstadt starb, hatte er keine Ahnung, wie wichtig seine Arbeit für die zukünftige Entwicklung der Mathematik sein sollte. Zu seinen akademischen Arbeiten gehören unter anderem *Grundlagen der Geometrie* im *Bulletin der Kazaner Universität* (1829), *Imaginäre Geometrie* (1835), *Anwendung der imaginären Geometrie auf bestimmte Integrale* (1836) und *Neue Grundlagen der Geometrie mit einer vollständigen Theorie der Parallelen* (1834-1838).

1840 veröffentlichte Lobatschewski ein Buch mit nur 61 Seiten. Es trug den Titel *Geometrische Untersuchungen zur Theorie der Parallelen.* Diese Kurzarbeit machte schnell die Runde in der damaligen Wissenschaftsgemeinde, aber dennoch war die Welt der Mathematik noch nicht bereit, die darin enthaltenen Ideen zu übernehmen. In seinem Werk *Geometrische Untersuchungen* erklärt Lobatschewski völlig klar, wie die nichteuklidische Geometrie funktioniert:

> „In einer Ebene können alle geraden Linien, die einen Punkt verlassen, im Hinblick auf eine vorgegebene gerade Linie in dieser Ebene in zwei Fälle unterteilt werden: Diejenigen, die sie schneiden, und diejenigen, die dies nicht tun. Die Linien, die die beiden Klassen gerader Linien voneinander trennen, werden als Parallelen zu der vorgegebenen Linie bezeichnet."

Seine alternative Version des fünften Postulats von Euklid ist in dem berühmten Satz ausgedrückt, den wir bereits erwähnt haben:

> „Es gibt zwei Linien parallel zu einer anderen vorgegebenen Linie, die einen vorgegebenen Punkt durchlaufen, der sich nicht auf der vorgegebenen Linie befindet."

Aus diesen Voraussetzungen entwickelte Lobatschewski viele trigonometrische Identitäten, die sogenannten Formeln der hyperbolischen Trigonometrie.

János Bolyai: Mathematiker und Soldat

Für den Ungarn János Bolyai (1802-1860) war die Mathematik nur ein Hobby, weil er beruflich Offizier bei der Kavallerie war. Angesichts seiner intellektuellen Fähigkeiten erschien sein Berufsleben eher langweilig. Neben seinen mathematischen Exkursionen war János ein hervorragender Geiger, der in Wien auftrat, und gleichzeitig Sprachgenie: Er sprach neun Sprachen, darunter Chinesisch und Tibetisch.

Sein Genie stammte aus seiner Familie: Sein Vater war der Mathematiker Farkas Bolyai, der ihm bereits im Alter von nur 13 Jahren die Infinitesimalrechnung und die analytische Mechanik beibrachte.

Als er an der Technischen Universität von Wien zu studieren begann, machte er Bekanntschaft mit der militärischen Welt, und er beschloss, in das technische Corps der Armee einzutreten, wo er elf Jahre verbrachte. Das Ganze hört sich an wie aus

SPÄTE ANERKENNUNG

Erst 1945 benannte die Mathematikergemeinde in Anerkennung der Arbeit von Bolyai die Babes-Universität in Rumänien in die Babes-Bolyai-Universität um, wie man sie heute kennt. 2002 wurde der 200. Geburtstag des Mathematikers gefeiert. Es gab mehrere Veranstaltungen in Budapest. Die wichtigste davon war eine internationale Konferenz über hyperbolische Geometrie. Andere Unternehmungen zu seinem Gedenken waren unter anderem die Veröffentlichung einer Briefmarke, die dem Mathematiker gewidmet ist (die abgebildete Marke wurde zu seinem 100. Todestag herausgegeben), sowie einer 3.000-Forint-Münze, die hyperbolische Diagramme aus *Appendix* zeigt.

einem romantischen Roman des 19. Jahrhunderts, aber er war tatsächlich der beste Fechter und Tänzer in der Kaiserlich Österreichischen Armee. 1833 erkrankte er am Fieber und musste sich aus dem militärischen Leben zurückziehen.

Obwohl János Bolyai in seinem ganzen Leben nur ein Werk über Mathematik veröffentlichte, wurden nach seinem Tod mehr als 20.000 handschriftliche Seiten gefunden, die jetzt in der Bolyai-Teleki-Bibliothek der Stad Tîgru-Mure aufbewahrt werden.

Für János wurde das Problem der Parallelen zu einer Besessenheit. Er veröffentlichte seine Ergebnisse im einem Anhang eines der Bücher seines Vaters, *Tentamen Juventutem Studiosam in Elementa Matheseos Purae Introducenti* (Ein Versuch, jungen Studierenden die Elemente der reinen Mathematik beizubringen), heute einfach als der *Appendix* bekannt. Wie Lobatschewski brauchte Bolyai nur ein paar Seiten (24, um genau zu sein), auf denen er seine Gedanken über die Geometrie darlegte. Nachdem Gauß sie gelesen hatte, schickte er einen Brief an Farkas Bolyai, in dem er schrieb: „In diesem jungen Geometer Bolyai erkenne ich ein Genie allererster Ordnung."

Der Beitrag von Gauß

Carl Friedrich Gauß (1777-1855), eine wichtige Persönlichkeit nicht nur seiner eigenen Zeit, sondern auch heute noch, kommt in der Arbeit von Bolyai häufig vor. Wir haben gesehen, dass Kant eine vage Ahnung der möglichen Existenz anderer Geometrien hatte, aber Gauß war wahrscheinlich die erste Person, die die Realität einer anderen als einer euklidischen Geometrie wahrnahm, und der seine Gedanken schließlich auf Papier festhielt. In einem seiner Notizbücher ist zu finden:

Carl Friedrich Gauß, gemalt vom Künstler Christian Albrecht Jensen.

„Ich bin davon überzeugt, dass die Abkehr vom Postulat der Parallelen nicht zu einem Widerspruch führt, obwohl es stimmt, dass sich paradoxe Eigenschaften ergeben."

Für fast 40 Jahre studierte Gauß das Postulat der Parallelen, ohne seine Ergebnisse je jemandem zu zeigen. Er hütete sie als sein Geheimnis. Die wichtigsten Dokumente, die auf seine Forschung hindeuten, ist die Korrespondenz mit der Familie Bolyai, zusammen mit Kommentaren aus seinen persönlichen Aufzeichnungen.

Die Freundschaft zwischen Gauß und den Bolyais ist kaum überraschend. Der Deutsche war ebenfalls ein geförderter Intellektueller, ein Wunderkind. Seine Karriere als Mathematiker, Astronom und Physiker – alles Gebiete, auf denen er glänzte – begann schon sehr früh. Im Alter von sieben Jahren kam er in die Schule, aber seine Lehrer waren schnell von seiner Fähigkeit begeistert, komplizierte Berechnungen durchzuführen. Noch während er am Collegium Carolinum in Braunschweig war, entdeckte Gauß eigenständig ein astronomisches Gesetz, das sogenannte Bode-Gesetz, ebenso wie mehrere algebraische Theoreme, wie beispielsweise den binomischen Satz. 1795 ging er an die Universität Göttingen, um Mathematik zu studieren. Dort machte er im Alter von 22 Jahren seinen Doktortitel.

GAUSS, DAS WUNDERKIND

Die Legende des Talents von Gauß enthält alle Komponenten, die für ein Genie typisch sind. Er entdeckte als Kind Dinge, die selbst Erwachsene staunen ließen. Im Alter von nur zehn Jahren entdeckte er die Formel für die Summenbildung arithmetischer Reihen, indem er schnell die ersten 100 natürlichen Zahlen addierte. Wie er das gemacht hat? Er wendete einen Gedankentrick an, der für ein Kind dieses Alters wirklich erstaunlich ist. Er erkannte, dass die Summe des ersten und des letzten Terms des zweiten und des vorletzten usw. immer gleich ist:

$$1, 2, 3, 4, ..., 97, 98, 99, 100.$$

$$1 + 100 = 2 + 99 = 3 + 98 = 4 + 97 = ... = 101.$$

Die 100 Zahlen bilden 50 Paare, sodass die Lösung durch das Produkt 101 x 50 = 5050 gegeben ist. Gauß hatte eine Formel abgeleitet, die die Summe S_n mit n Termen einer arithmetischen Reihe ausdrückt, deren erster (a_1) und letzter (a_n) Term bekannt ist:

$$S_n = \frac{n(a_1 + a_n)}{2}.$$

Sein Talent wurde in vielen Bereichen der Mathematik genutzt – Statistik, Zahlentheorie, Geometrie. Er war Betreuer der Doktorarbeit von Riemann, wie wir später noch sehen werden. Im Alter von nur 30 Jahren übernahm er 1807 die Verwaltung des Observatoriums in Göttingen, wo er sechs Jahre damit verbrachte, den Magnetismus zu untersuchen. Seine Beiträge zur Physik sind ebenfalls berühmt. Als er sich 1849 aus dem akademischen Leben zurückzog, wurde er als der „Prinz der Mathematik“ bezeichnet.

Die Korrespondenz zwischen Gauß und Bolyai

Gauß war ein enger Freund von Farkas Bolyai, dem Vater von János. Sie korrespondierten über das fünfte Postulat. Gauß selbst hatte sich sehr vorsichtig mit der Materie beschäftigt, wie an der Tatsache zu erkennen ist, dass er seine Ergebnisse nie veröffentlichte. Farkas hatte ebenfalls versucht, das fünfte Postulat zu beweisen, ebenfalls erfolglos. Basierend auf seiner eigenen Erfahrung und Diskussionen mit

Gauß über die Theorie der Parallelen wies Farkas seinen Sohn an, „nicht eine einzige Stunde mit dem Problem zu vergeuden". Und genau das machte János: Er beschäftigte sich nicht eine Stunde mit dem Problem, sondern zwei Jahre lang! 1832 schrieb Farkas Bolyai an seinen Freund Gauß, dass er sich Sorgen um seinen Sohn aufgrund dessen Besessenheit mache. Gleichzeitig fragte er ihn nach seinen Ansichten und Ratschlägen, wie er János davon überzeugen könne, damit aufzuhören. Gauß antwortete, dass auch er ähnliche Ergebnisse gefunden hätte, aber dass er sie bisher geheim gehalten habe. Er konnte die Arbeit von János weder loben noch ihn davon abhalten, wie in den folgenden Zeilen deutlich wird:

> „Wenn ich zunächst sage, ich kann diese Arbeit nicht bewundern, wirst du zweifellos zunächst überrascht sein. Aber ich muss es so sagen. Würde ich ihn bewundern, würde ich gleichzeitig mich selbst bewundern. Der gesamte Inhalt der Arbeit deines Sohnes und die Ergebnisse, zu denen er gelangt ist, ist tatsächlich identisch mit meinen Überlegungen, die mich für die letzten 30 bis 35 Jahre beschäftigt haben. Ich bin wirklich sehr erstaunt …"

Farkas schrieb die folgenden Zeilen an seinen Sohn, als dieser bereits vollständig von dem fünften Postulat von Euklid gefangen war:

> „Ich bitte dich, nicht auch noch mit der Theorie der Parallelen anzufangen. Du vergeudest deine Zeit, und die Sätze würden unbewiesen bleiben. Es handelt sich um eine undurchdringbare Dunkelheit, in der Tausende von Männern des Formats von Newton verloren gehen würden. Das Problem wird auf Erden niemals gelöst, und die unglückliche Menschheit wird in diesem Leben nicht damit fertig, zumindest was die Geometrie betrifft. Ich trage eine große und unheilbare Wunde in meiner Seele … Um Gottes Willen bitte ich dich, gib es auf. Fürchte es wie dein schlimmstes Laster, weil es nichts anderes ist – es frisst deine ganze Zeit und macht dich krank, du verlierst die Gelassenheit und die Freude am Leben …"

Trotz des tragischen Tons, den sein Vater angeschlagen hatte, kam János den Warnungen seines Vaters nicht nach und war schnell der Überzeugung, dass das fünfte Postulat nicht nur unbeweisbar war, sondern unabhängig von allen anderen. Diese Überzeugung ist die Grundlage eines anderen, aber völlig kohärenten geometrischen Systems.

Die gemeinsamen Erkenntnisse von Lobatschewski und Bolyai

Lobatschewski und Bolyai legten die Grundlagen für die nichteuklidische Geometrie und Trigonometrie. Sie legten fest, dass die Summe der Winkel in einem Dreieck kleiner als 180° ist, und schlossen auch, dass nicht alle Dreiecke dieselbe Winkelsumme haben. Je größer die Fläche eines Dreiecks ist, desto kleiner ist die Summe seiner Winkel. Aus diesem Grund gibt es keine ähnlichen Dreiecke (d. h. Dreiecke derselben Form, aber mit unterschiedlichen Größen). Wenn in dieser Geometrie zwei Dreiecke kongruente Winkel (derselben Größe) haben, sind auch die Dreiecke kongruent – d. h. sie sind deckungsgleich. Und es gibt auch keine Rechtecke im euklidischen Sinne, denn wenn drei Winkel eines Vierecks rechte Winkel (90°) sind, dann muss der vierte Winkel kleiner sein: Wenn ein Rechteck in zwei Teile unterteilt wird, muss die Summe der Winkel in jedem daraus entstehenden Dreieck kleiner als 180° sein.

Trotz der Ähnlichkeiten, die die Ergebnisse der Gründer der hyperbolischen Geometrie aufwiesen, gibt es Unterschiede in ihren Beiträgen. János Bolyai war vor allem daran interessiert, die geometrischen Sätze, für die das Postulat von Euklid erforderlich war, von denjenigen zu unterscheiden, für die es nicht erforderlich war. Nikolai Lobatschewski dagegen war kategorischer und weigerte sich, sich mit dem fünften Postulat herumzuschlagen und schlug deshalb an seiner Stelle ein Neues vor: Durch einen Punkt außerhalb einer geraden Linie verlaufen mehrere parallele Linien.

WIE SIEHT EIN NICHTEUKLIDISCHES DREIECK AUS?

Die Abbildung rechts verdeutlicht, wie ein nichteuklidisches Dreieck *ABC*, konstruiert aus einem Rechteck, in der hyperbolischen Geometrie aussehen würde. Hier sehen wir, dass die Summe der Winkel *A*, *B* und *C* wirklich kleiner als 180° ist.

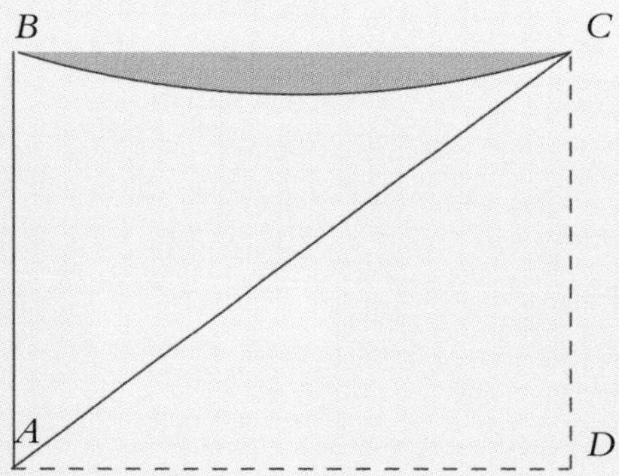

Allgemeine Modelle hyperbolischer Geometrie

Ein Modell für die euklidische Geometrie finden wir auf einer einfachen Ebene, mit den üblichen Konzepten eines Punkts und einer geraden Linie. Die nachfolgend beschriebenen Modelle helfen uns, uns die hyperbolische Geometrie besser vostellen und verstehen zu können – ebenso wie die elliptische Geometrie, die wir später betrachten. Das erste Modell verwendet eine Oberfläche, die eine Interpretation der hyperbolischen Geometrie gestattet. Um uns im Kopf ein Bild von dieser Oberfläche vorzustellen, könnten wir an eine Person denken, die einen Einkaufstrolley zieht, oder ein Kind, das ein Spielzeug an einem Band hinter sich herzieht – an einem Ende des Bandes die Hand, am anderen Ende das Spielzeug.

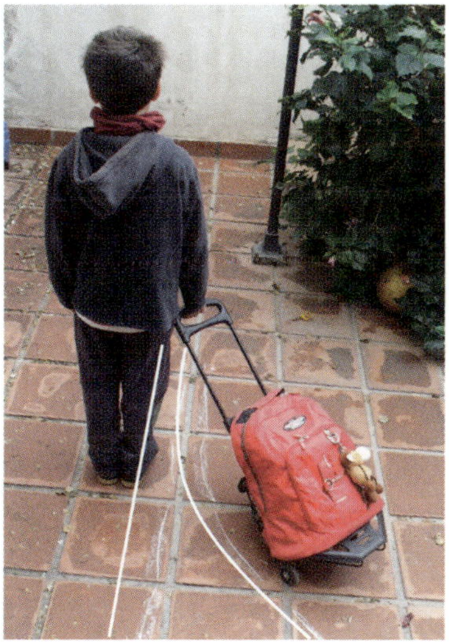

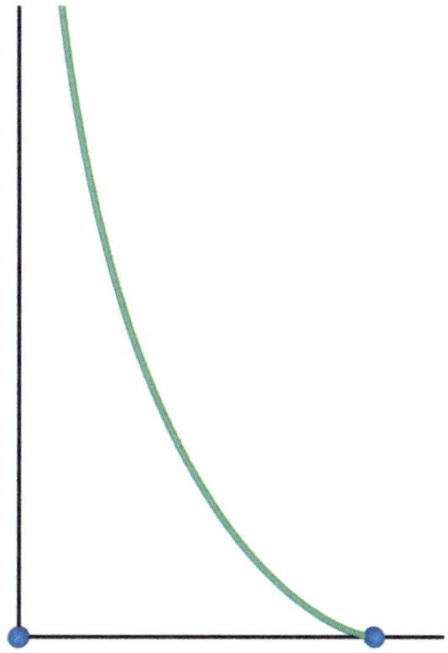

Wenn dieses Kind entlang einer geraden Linie geht und einen kleinen Trolley hinter sich herzieht, folgt die Bewegung des Trolleys einer gekrümmten Linie, die in die Richtung des Kindes verläuft. Man spricht auch von einer Traktrix (auch Ziehkurve oder Schleppkurve).

Stellen wir uns vor, die Person zieht die Last so, dass sich beide mit derselben Geschwindigkeit bewegen. Während die Person entlang einer geraden Linie geht, bewegt sich der gezogene Gegenstand gewissermaßen zu ihm hin, entlang einer gekrümmten Bahn, die auch als Schleppkurve bezeichnet wird. Der mathematische Ausdruck, der dies beschreibt, ist etwas technischer – im Mathematikjargon sagt man, die Kurve bewegt sich asymptotisch zur geraden Linie. Die betreffende Kurve wird auch als Traktrix bezeichnet. Allgemein kann diese Kurve durch einen Gegenstand beschrieben werden, der von einem anderen Gegenstand in einem konstanten Abstand gezogen wird, wobei sich der ziehende Gegenstand entlang einer geraden Linie bewegt. Man kann sich das so vorstellen:

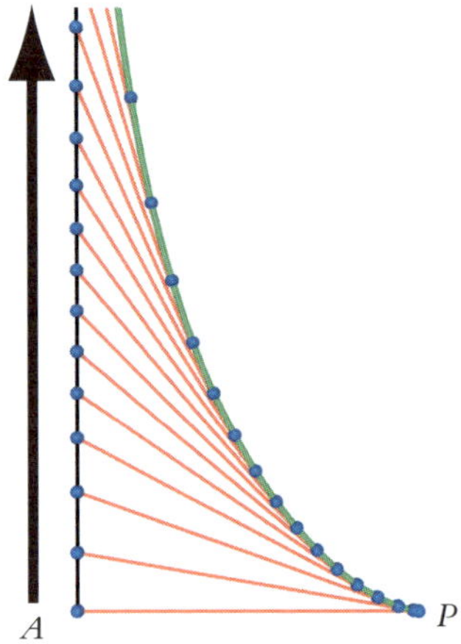

Dabei bewegt sich *A* entlang einer geraden Linie (in Pfeilrichtung) und zieht *P*. Die von *P* verfolgte Kurve ist die Traktrix.

Wenn wir uns vorstellen, wie sich diese Kurve bewegt, wenn die gerade Linie *PA* in die Zielrichtung verläuft, erkennen wir, dass sie sich um sich selbst dreht, und dabei eine Oberfläche erzeugt, die als *Pseudokugel* bezeichnet wird. Diese Oberfläche ist das Modell der hyperbolischen Geometrie. Mit anderen Worten, die Formen, die auf einer Pseudokugel gezeichnet werden (z. B. Parallelen und Dreiecke), verhalten sich auf nichteuklidische Weise, ohne dass dabei Widersprüche verursacht werden.

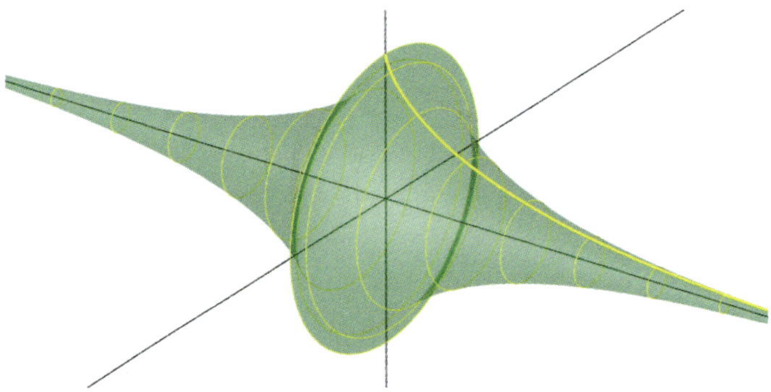

Die Axiome der Geometrie von Lobatschewski entstehen aus der Untersuchung, wie sich Punkte und gerade Linien auf dieser Oberfläche verhalten.

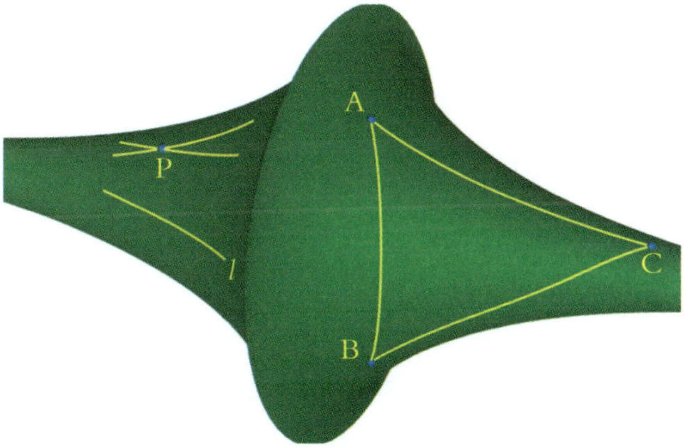

Lobatschewski schlug eine Alternative zum fünften Postulat vor: Für eine gerade Linie *l* und einen Punkt *P*, der nicht auf *l* liegt, kann eine unendliche Anzahl gerader Linien durch *P* parallel zu *l* gezeichnet werden. Auf dieser Oberfläche haben parallele Linien nicht immer denselben Abstand – das ist der eigentliche Unterschied zur euklidischen Geometrie –, und die Summe der Winkel *A*, *B* und *C* ist kleiner als 180°. Gerade Linien auf dieser Oberfläche sind die kürzesten Linien zwischen den Punkten darauf. Man spricht von geodätischen Linien. Beachten Sie, dass diese Linien aus euklidischer Perspektive, die für einen ungeschulten Geist sehr schwer aufzugeben ist, gekrümmt erscheinen. Die folgende Abbildung zeigt einige parallele Linien aus der Perspektive der hyperbolischen Geometrie. Sie sind auf der Oberfläche der Pseudokugel gezeichnet.

Dieses hyperbolische Modell wurde von Albert Einstein für seine Definition der Raum-Zeit vorgeschlagen. Das Universum von Einstein ist vierdimensional. Es umfasst drei räumliche Koordinaten und eine vierte, die Zeit. Ein 4D-Universum übersteigt die Vorstellungskraft des Menschen, deshalb ist unsere Fantasie gefordert. Wie in so vielen Bereichen der Mathematik muss sich der Mensch auf das innere Auge verlassen.

1870 führte der deutsche Mathematiker Felix Klein (1849-1925) ein weiteres Modell der hyperbolischen Ebenengeometrie ein und erweiterte es auf Räume. In seinem Modell betrachtete Klein den euklidischen Kreis (einen gewöhnlichen Kreis) und schlug eine neue Definition für einen Punkt, eine gerade Linie, eine parallele Linie usw. vor. Er bezeichnete das Innere des Kreises als Ebene. Er definierte Punkte

DIE REALITÄT ÜBERTRIFFT DIE ABSTRAKTION

In der realen Welt findet man sehr leicht Modelle für hyperbolische Oberflächen. Betrachten wir beispielsweise einen Pferdesattel, um die Eigenschaften einer hyperbolischen Oberfläche zu demonstrieren. Die Winkel jedes Dreiecks, das darauf gemalt wird, sind in der Summe kleiner als 180°, und parallele Linien behalten keine feste Distanz, sondern krümmen sich langsam voneinander weg.

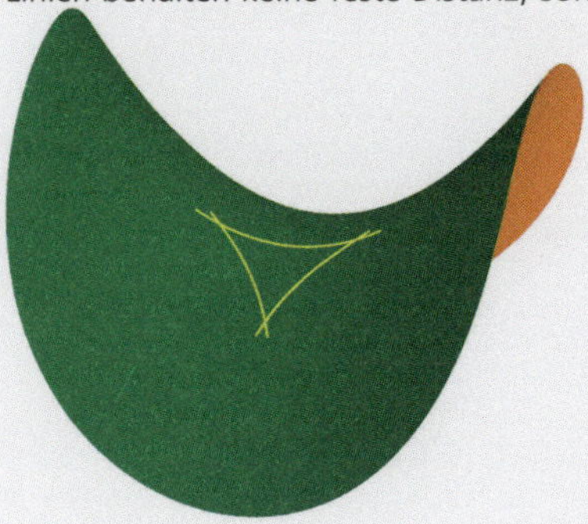

als Punkte im Kreis, ohne diejenigen auf dem Kreisumfang, und er erklärte, dass die geraden Linien die Sehnen innerhalb des Kreises seien – aber ohne ihre Enden. (Eine Sehne ist ein Liniensegment, dessen Endpunkte beide auf einem Kreisumfang liegen.) Analog dazu bezeichnet sein Vorschlag parallele gerade Linien als Sehnen des Kreises mit einem gemeinsamen Ende; Linien, die sich innerhalb des Kreises schnitten, waren Sekanten, während sich Nicht-Sekanten außerhalb des Kreises schnitten.

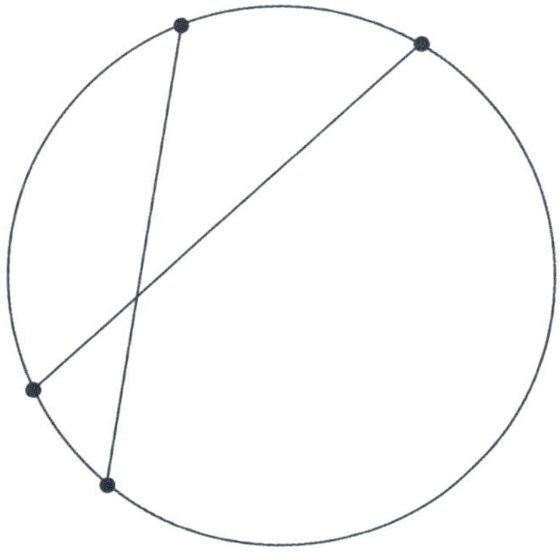

In diesem Modell gehen wir davon aus, dass die Ebene nur durch die Punkte im Kreis dargestellt wird. Die Sehnen sind gerade Linien. Wir sehen, dass die geraden Linien *r*, *s* und *t* parallel zu *l* sind, weil sie sie an keinem Punkt schneiden. Damit

ANDERE GEOMETRIE, ANDERE WELT

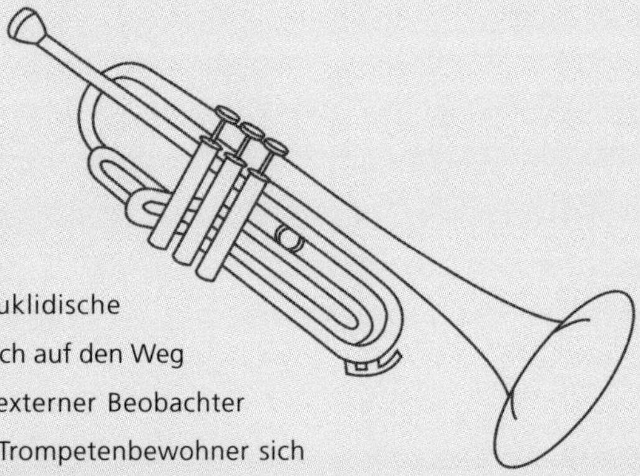

Der Trichter einer Trompete ist ein gutes Beispiel für eine Oberfläche in der hyperbolischen Geometrie. Wäre es möglich, sich auf dieser Oberfläche entlang eines geraden Pfades zu bewegen? Stellen Sie sich vor, zwei nichteuklidische Bewohner der Trompete begeben sich auf den Weg nach unten bis zum Trichter. Ein externer Beobachter würde sehen, dass die Wege der Trompetenbewohner sich langsam voneinander entfernen. Die Bewohner der hyperbolischen Welt würden sich jedoch weiter entlang streng paralleler Strecken bewegen. Die Vorstellung der Bewegung von hyperbolischen Bewohnern scheint Akademikern dubios, aber für die Science-Fiction ist der Gedanke faszinierend. Es wurden ganze Romane über hyperbolische Welten geschrieben, unter anderem *Inverted World* (Der steile Horizont) von Christopher Priest.

kann eine unendliche Anzahl paralleler Linien durch einen Punkt außerhalb einer geraden Linie gezeichnet werden.

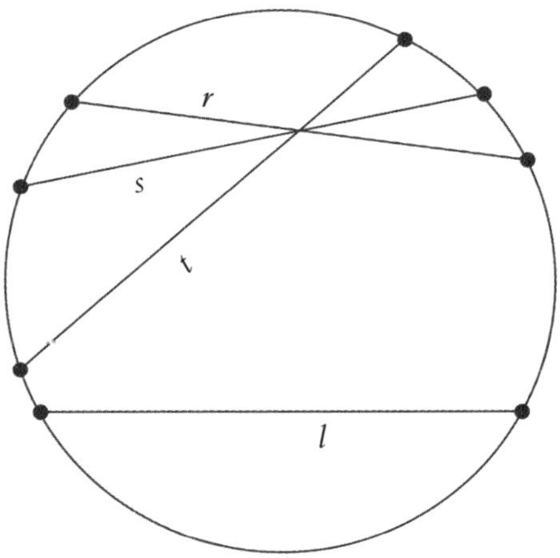

Die auf diesem Kreis basierende Geometrie ist äquivalent zu der hyperbolischen Geometrie, und erfüllt damit alle Axiome von Euklid, außer das fünfte Postulat, und auch die Ergebnisse der hyperbolischen Geometrie werden eingehalten.

Riemann und die elliptische Geometrie

Kurz nachdem Lobatschewski und Bolyai ihre neue Geometrie konstruiert hatten, entwickelte sich eine weitere nichteuklidische Geometrie. Sie ist der Arbeit des berühmten Mathematikers Bernhard Riemann zu verdanken, der das fünfte Postulat von Euklid durch ein anderes Axiom ersetzte:

> „Für eine gerade Linie *l* und einen Punkt *P*, der nicht auf dieser Linie liegt, gibt es keine geraden Linien, die *P* durchlaufen und parallel zu *l* sind."

Bernhard Riemann (1826-1866) wurde in Hannover geboren und war ebenfalls ein mathematisches Wunderkind. Als 16-jähriger Schüler am Gymnasium Johanneum in Lüneburg demonstrierte er bereits seine außergewöhnlichen Fähigkeiten im Hinblick auf die Mathematik, und der Direktor lieh dem Jungen Bücher über Mathematik aus seiner eigenen Bibliothek. 1846 kam Riemann an die Universität Göttingen, wo er dem Wunsch seines Vaters entsprechend Theologie studierte. Irgendwann wechselte er jedoch an die philosophische Fakultät, an der auch Mathematik gelehrt wurde. Zu seinen Professoren gehörten Koryphäen wie Moritz, Stern und Gauß selbst. 1847 wechselte Riemann an die Universität Berlin, wo er von Steiner, Jacobi, Dirichlet und Eisenstein unterrichtet wurde. Schließlich kehrte er nach Göttingen zurück und machte betreut von Gauß seinen Doktor. 1857 unterrichtete Riemann seine erste Klasse und gab Vorlesungen zur Reformierung des Konzepts der Geometrie, die jedoch erst zwei Jahre nach seinem Tod veröffentlicht wurden. Riemann, außerordentliches Mitglied der Akademie der Wissenschaften in Berlin, verließ Deutschland auf der Suche nach einem Klima, das für die Behandlung seiner Tuberkulose besser geeignet war. Er starb in Italien.

Man erzählt sich, Professor Gauß musste in der Zeit, als Riemann Schüler von ihm an der Universität Göttingen war, einen Schüler auswählen, der die Klasse vertrat. Er wandte die folgende Auswahlmethode an: „Jeder von Ihnen schlägt drei Themen vor. Die Fakultät wählt eines davon aus, und der erfolgreichste Schüler darf dann eine dreistündige Vorlesung halten." Riemann schlug vor, das Buch von Lobatschewski *Neue Elemente der Geometrie* zu kommentieren, und formulierte seine heute berühmte Aussage:

> „Euklid sagt, durch einen Punkt, der nicht auf einer geraden Linie liegt, kann nur eine parallele Linie gezeichnet werden. Lobatschewski sagt, man kann so

viele davon zeichnen, wie man nur möchte. Ich sage, man kann überhaupt keine zeichnen."

Später fügt Riemann im selben Dokument hinzu:

„Somit existiert keine unendlich gerade Linie, weil sie sich irgendwann krümmen würde, und es gibt auch keine perfekt ebene Fläche, weil sie, würde man sie unendlich ausdehnen, irgendwann der Krümmung des Universums folgen würde. Aber weil ihr die Ebene in jede Richtung folgt, ist die einzige gekrümmte Ebene sphärisch. Die einzige Geometrie, die also wirklich existiert, ist die sphärische Geometrie."

Diese *ad hoc*-Präsentation enthielt das Wesen der später von Riemann entwickelten Geometrie, in der es keine geraden Linien gibt, und die Summe der Winkel eines Dreiecks ist größer als 180°. Die Oberfläche der Kugel ist das beste Modell für Riemanns Geometrie. Die Ebene, in der er sie konstruierte, war die Oberfläche der Kugel als Sonderfall des Ellipsoids, einer in die Länge gezogenen Kugel. In diesem Modell werden gerade Linien, wie in der hyperbolischen Geometrie als geodätische Linien bezeichnet, und sind große Kreise – Kreise, die die Kugel in zwei gleiche Halbkugeln unterteilen.

Alle geodätischen Linien schneiden sich, und das Dreieck *ABC* enthält zwei rechte Winkel, sodass die Summe seiner Winkel größer als 180° ist. In dieser Geometrie gilt, je größer die Fläche des Dreiecks ist, desto größer ist die Summe seiner

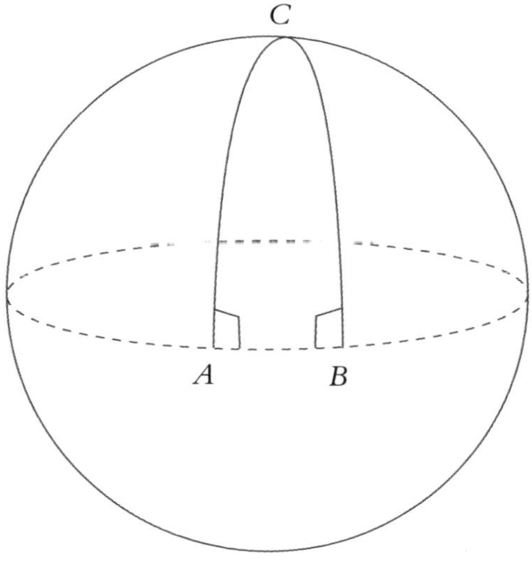

Bernhard Riemann.

Winkel, und nur kongruente (deckungsgleiche) Dreiecke sind auch ähnlich. Die Oberfläche der Kugel ist damit ein Beispiel für die elliptische Geometrie. Wie auf der vorherigen Seite zu erkennen ist, ergeben die auf eine solche Oberfläche gezeichneten Winkel eines Dreiecks mehr als 180°.

Riemann konstruierte nicht nur die elliptische Geometrie, sondern verwendete auch algebraische Ausdrücke (unterschiedliche Gleichungen), um Distanzen zu minimieren. Andererseits analysierte er erfolgreich die Krümmung eines dreidimensionalen Raums und implizierte

DIE KUGELFÖRMIGE WELT RIEMANNS

Mit einem Ballon können Sie ein interessantes Experiment durchführen, anhand dessen Sie Riemanns Geometrie besser verstehen werden. Zeichnen Sie einen Abschnitt einer Geraden auf einen nicht aufgeblasenen Ballon und messen Sie seine Länge. Daneben zeichnen Sie ein Dreieck. Wenn der Ballon aufgeblasen wird, verändern sich die Zeichnungen auf der Oberfläche. Wie sehen die Gerade und das Dreieck jetzt aus? Hat sich die Gerade gekrümmt? Beträgt die Summe der Winkel im Dreieck immer noch 180°?

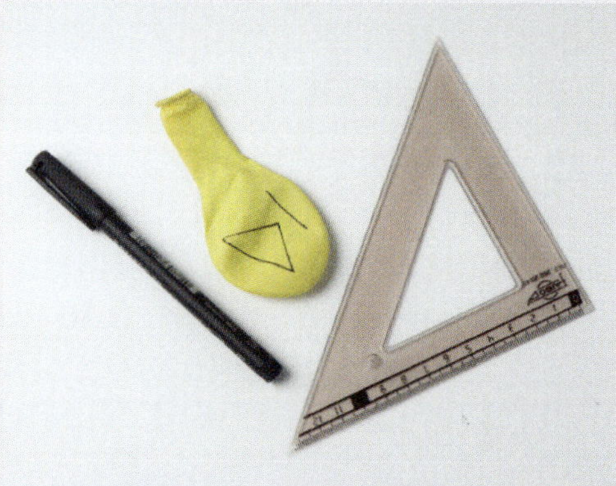

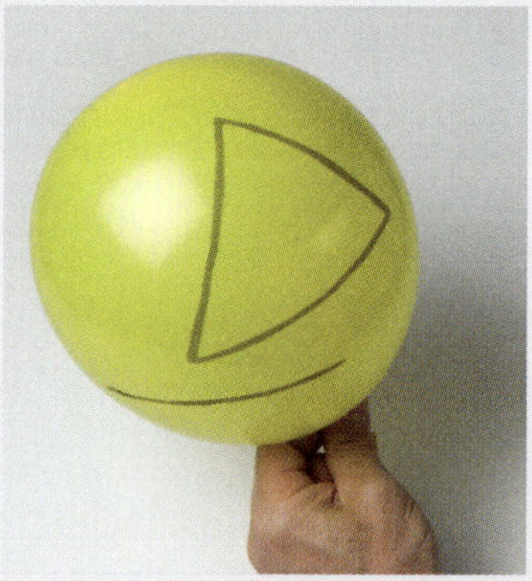

Auf dem aufgeblasenen Ballon wird die *Linie* zu einer Kurve, einer geodätischen Linie, d. h. sie liegt auf einem großen Kreis der Kugel. Riemann konnte dieses einfache, aber einleuchtende Experiment nicht durchführen. Zu seiner Zeit gab es noch keine Luftballons.

außerdem, dass seine Theorien auch auf Räume höherer Dimensionen angewendet werden konnten. Seine Ergebnisse wurden später von Albert Einstein in seiner Relativitätstheorie verwendet.

Dasselbe – aber anders

Felix Klein und der Gründer der modernen britischen Schule der reinen Mathematik, Arthur Cayley (1821-1895), waren die Ersten, die Geometrien in drei Typen einordneten: hyperbolische, elliptische und parabolische Geometrie (sie bezeichneten die euklidische Geometrie als parabolisch). Der Grund dafür wird anschließend beschrieben.

In der Realität waren die nichteuklidischen Geometrien keine Konkurrenz für ihre illustre Vorgängerin. Die Liste der Unterschiede ist lang, aber es gibt auch eine ganze Liste mit Ähnlichkeiten. In der euklidischen Geometrie schneiden sich zwei gerade Linien in einem Punkt, dasselbe passiert in der Geometrie von Lobatschewski. Laut Riemann schneiden sich zwei gerade Linien (große Kreise) immer in einem Punkt oder an dem gegenüberliegenden Punkt (Antipode).

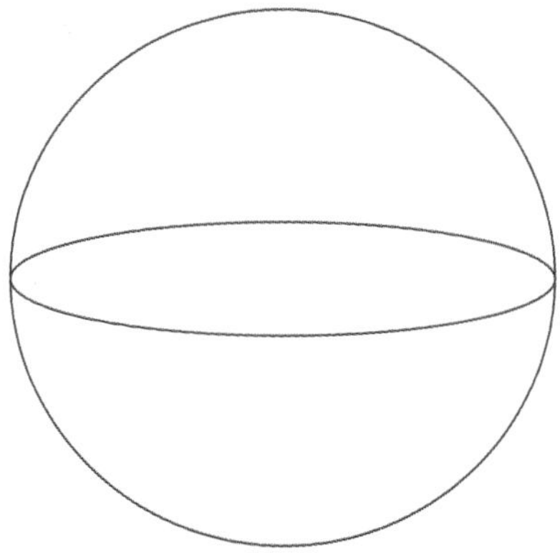

Laut Euklid gibt es für eine vorgegebene gerade Linie *l* und einen Punkt *P* auf der Linie eine einzige Parallele zu *l*, die durch *P* verläuft. Lobatschewski sagt, es gibt mindestens zwei. Und Riemann sagt, es gibt keine.

Euklid sagt auch, dass parallele gerade Linien äquidistant sind, während Lobatschewski behauptet, dass dies nicht der Fall ist. Was die Summe der Winkel in einem Dreieck betrifft, sagt Euklid, dass diese immer 180° beträgt, für Lobatschewski ist sie kleiner als 180°, und für Riemann ist sie größer als 180°.

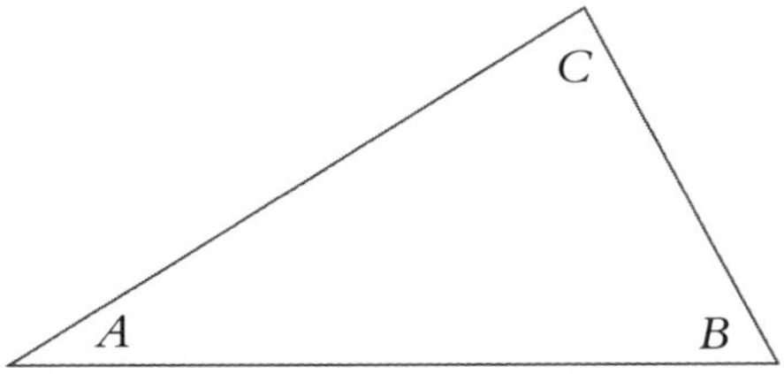

Euklidische Geometrie
$A + B + C = 180°$

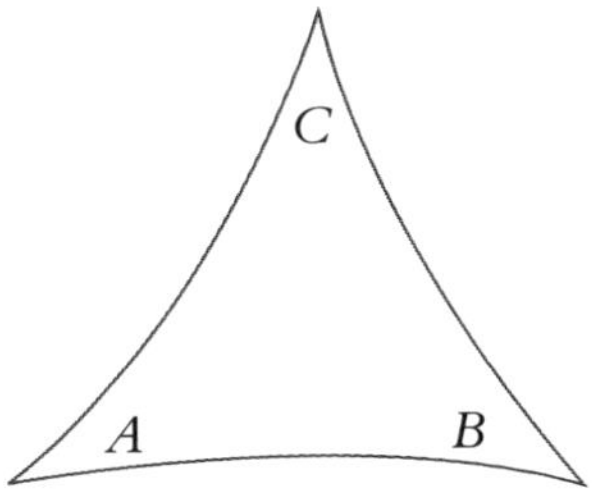

Hyperbolische Geometrie
$A + B + C < 180°$

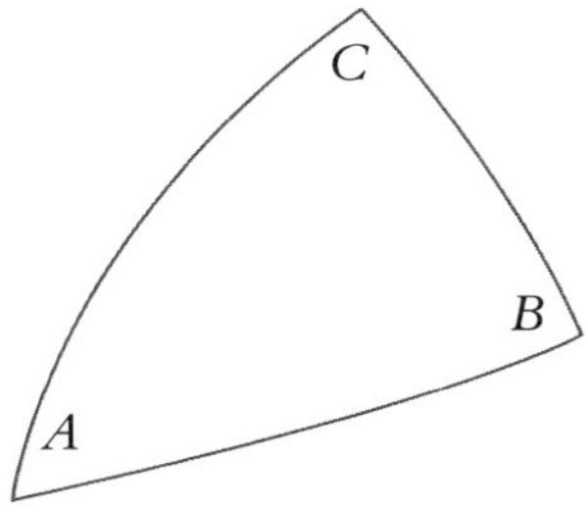

Elliptische Geometrie
$A + B + C > 180°$

Betrachten wir einen Punkt auf einer geraden Linie, wird nach Euklid und Lobatschewski die Linie in zwei Teile unterteilt, während dies laut Riemann nicht der Fall ist. Laut Euklid sind zwei Dreiecke mit identischen Winkeln ähnlich, während Lobatschewski und Riemann vorbringen, dass sie nur kongruent sind.

Die folgende Tabelle fasst die Unterschiede zusammen:

Geometrie	Erfinder	Parallele Linien durch externen Punkt	Summe der Winkel eines Dreiecks	Gerade Linien sind
Ebene	Euklid	eine	180°	unendlich
Hyperbolisch	Bolyai-Lobatschewski	mehr als eine	weniger als 180°	unendlich
Elliptisch	Riemann	keine	mehr als 180°	endlich

Die euklidische Geometrie kann auf der Oberfläche einer Ebene konstruiert werden, die hyperbolische Geometrie kann auf der Oberfläche einer Pseudokugel konstruiert werden und die elliptische Geometrie auf der Oberfläche einer Kugel. Diese Modelle drücken aus, wie das Postulat der Parallelen in den verschiedenen Systemen interpretiert wird. Die folgenden Abbildungen zeigen das Postulat, auf dem sie jeweils basieren, ebenso wie den Typ der Oberfläche, auf die sie projiziert werden. Beachten Sie auch, wie rechte Winkel in jeder Geometrie erscheinen.

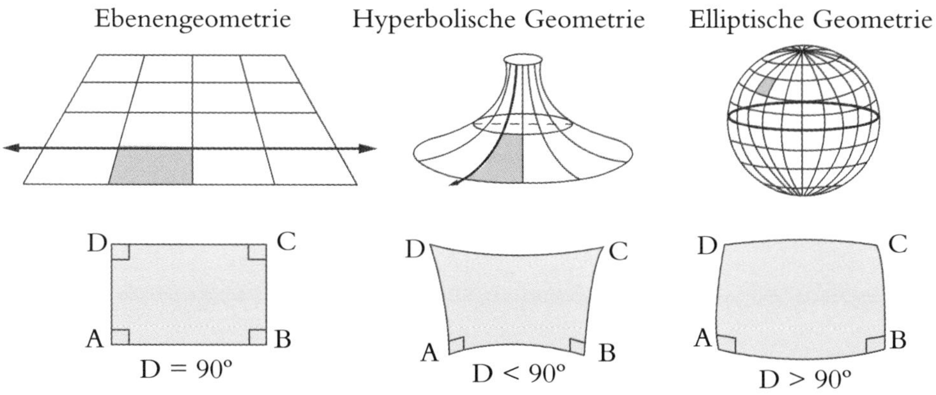

In einem euklidischen „Rechteck" haben alle Winkel 90°, während sie in der hyperbolischen Geometrie kleiner als 90° sind, in der elliptischen Geometrie größer als 90°.

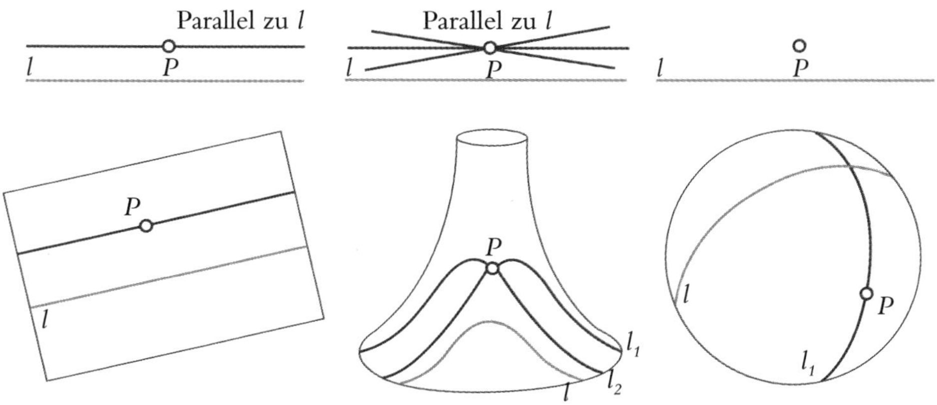

In der euklidischen Ebene verläuft nur eine Linie parallel zu l. In der zentralen Pseudokugel durchläuft eine unendliche Anzahl gerader Linien P, alle zwischen l_1 und l_2, auch als Parallelen zu l_1 und l_2 bezeichnet. Auf einer kugelförmigen Oberfläche durchlaufen keine parallelen Linien P. Die Linie l schneidet alle anderen Linien, die durch P verlaufen.

Ein Ameisenrennen

Die drei verschiedenen Geometrietypen werden häufig als imaginäres Ameisenrennen dargestellt, womit die Unterschiede und Ähnlichkeiten auf klare und verständliche Weise gezeigt werden können. Angenommen, zwei Ameisen liefern sich ein Rennen. Sie laufen zur selben Zeit los und bewegen sich (zumindest im Prinzip) gleichzeitig auf einer perfekt parallelen Bahn zueinander. Die Ameisen laufen immer nach vorn, ohne nach links oder rechts abzubiegen, aber ihre gerade Bahn sieht abhängig von der jeweils für die Beschreibung der Rennbahn verwendeten Geometrie unterschiedlich aus.

Wenn die zwei Ameisen auf einer perfekt ebenen Fläche laufen – einer euklidischen Ebene –, konvergieren oder divergieren ihre geraden Linien nicht. Sie behalten immer denselben Abstand zueinander.

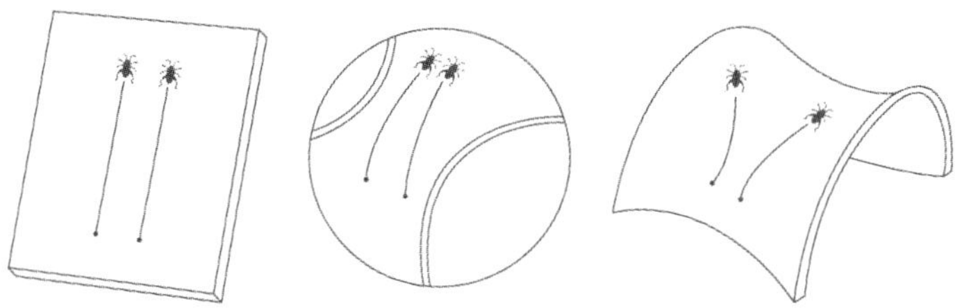

Wenn sie auf einer gekrümmten Fläche laufen, konvergieren oder divergieren sie irgendwann, während sie sich auf ihren jeweiligen geraden Linien bewegen. Wie die obenstehende Abbildung zeigt, konvergieren sie irgendwann, wenn die Fläche sphärisch ist, weil der Raum, in dem sie unterwegs sind, nicht nur gekrümmt, sondern auch konkav ist. Ist die Oberfläche hyperbolisch, entfernen sie sich langsam voneinander, weil die Krümmung, auf der sie sich bewegen, konvex ist.

Um in einer sphärischen oder hyperbolischen Welt immer dieselbe Distanz beizubehalten, müssen deren Einwohner ihre Wege ständig anpassen, womit das Konzept einer parallelen Linie aufgegeben wird und das Postulat der Parallelen hinfällig wird. Gäbe es solche Welten, würden ihre Einwohner unter dem Begriff „parallel" etwas ganz anderes verstehen als in der euklidischen Welt. Aus diesem Grund muss man unbedingt berücksichtigen, dass die Bewohner einer sphärischen oder hyperbolischen Welt nicht bemerken würden, dass sie konvergieren oder divergieren, weil ihre Instrumente für die Messung der Distanz zwischen ihnen ebenso verzerrt wären wie die eigentlichen Wege. Sie würden es nur bemerken, wenn sie eine euklidische Messausrüstung besäßen.

EUKLID IN DER REALITÄT

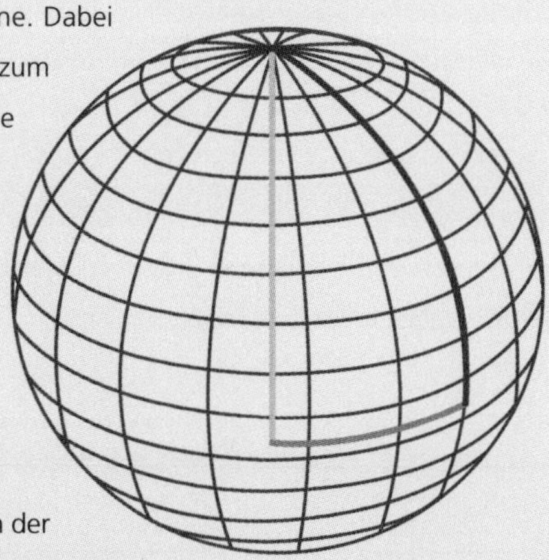

Alle Globen der Erde verfügen über Meridiane. Dabei handelt es sich um parallele Linien senkrecht zum Äquator, die alle die beiden selben Punkte schneiden, nämlich einen an jedem Pol der Kugel. Darüber hinaus sind Meridiane endliche Linien. Denselben Effekt kann man bei Linien beobachten, die parallel zu einer langen, geraden Straße sind: Sie scheinen sich im Horizont zu treffen. Die eigene Beweisführung Euklids schlägt neue Geometrien vor. Befinden wir uns dagegen an einer Position an der äußeren Oberfläche eines Ballons und zeichnen ein Dreieck, wie groß ist dann die Summe seiner Innenwinkel? Und wenn wir uns auf seiner internen Oberfläche befinden, wie groß ist die Summe der Winkel des Dreiecks dann? Stellen Sie sich einen riesigen Ballon vor, unendlich groß, dessen Oberfläche von winzigen, unendlich kleinen Lebewesen bevölkert wird. In ihrer Welt sind die zuvor gekrümmten Flächen jetzt eben, d. h. euklidisch.

Einstein versus Euklid

Diese Beiträge zur nichteuklidischen Geometrie, insbesondere die Arbeit von Riemann, trugen zu den Theorien des großen Albert Einstein (1879-1955) bei. Die Relativität, eine Theorie in der Physik, basiert zum Teil auf den mathematischen Konzepten des gekrümmten Raums und der Zeit. Durch die Kombination beider Konzepte und die Verknüpfung des Ergebnisses mit dem aktuellen Wissen über die Zeit konnte Einstein die Bewegungen der Sonne, der Planeten und der Sterne erklären. Er gründete seine Gedanken auf der nichteuklidischen Geometrie, deshalb konnte er mathematische Gleichungen verwenden, um die Krümmung der Raum-Zeit mit den darin enthaltenen Massen und Energien in Zusammenhang zu bringen.

Die Relativitätstheorie

Die Relativitätstheorie bietet eine Beschreibung des Universums im Hinblick auf Raum-Zeit. Sie kombiniert Masse (*m*) und Energie (*E*) in der berühmten Gleichung $E = mc^2$, wobei *c* die Lichtgeschwindigkeit (299.792.458 km/s) darstellt. Die Theorie kompensiert die Unzulänglichkeiten der klassischen Analysen von Naturphänomenen und verwendet dazu nichteuklidische Geometrien als mathematisches Modell. Diese Geometrien – insbesondere diejenige von Riemann – tragen dazu bei, ein Bild des Universums zu schaffen, das sehr viel vollständiger ist, wenn auch vielleicht weniger intuitiv. In der Relativitätstheorie sind Raum und Zeit physische Größen, die die Distanzen zwischen Objekten und ihre relative Bewegung bestimmen. Das Universum ist aufgrund der Präsenz von Objekten (Hindernissen) gekrümmt, die

DER VATER DER RELATIVITÄT

Albert Einstein wurde in Ulm geboren. Er war schon in jungen Jahren von der Mathematik fasziniert, aber auch ein Freidenker, weshalb er die bewährten Konventionen der Mathematik und das Auswendiglernen ablehnte. Er zog um in die Schweiz, wo er einen Abschluss in Physik machte. Als junger Mann musste er jedoch als Buchhalter für eine Patentkanzlei in Bern arbeiten, weil er als Jude nicht Lehrer werden durfte. Seine knappe Freizeit verbrachte er mit Studien und Forschung. 1905 veröffentlichte er die *Spezifische Relativitätstheorie* (1916 erweitert zur *Allgemeinen Relativitätstheorie*), worin die Konzepte von Raum, Zeit und Geschwindigkeit betrachtet werden. Seine Arbeit revolutionierte die Theorien von Newton und sorgte für eine völlig neue Interpretation des Universums, basierend auf Geometrien, die nicht unbedingt euklidisch waren.

DAS ZWILLINGSPARADOXON

Die Relativitätstheorie geht davon aus, dass der Raum nichteuklidisch ist. Das Hauptargument, das dies belegt, war die Entdeckung des physischen Gesetzes, das besagt, dass sich nichts schneller als Licht bewegen kann. Das Phänomen der Raum-Zeit-Kontraktion wird durch das Zwillingsparadoxon verdeutlicht. Stellen Sie sich zwei Zwillinge vor. Einer von ihnen verlässt die Erde in einem Raumschiff, das Geschwindigkeiten von annähernd Lichtgeschwindigkeit erreicht, während sein Zwillingsbruder auf der Erde bleibt. Mehrere Jahrzehnte vergehen, und der Raumfahrer-Zwilling kehrt zurück. Sein Bruder ist jetzt ein alter Mann, aber der Reisende ist immer noch jugendlich. Fliegt eine Expedition mit 240.000 km/h zu einem Stern, also mit der auf der Erde gemessenen Geschwindigkeit, erreicht sie das Ziel nach 50 Jahren. Für die Crew an Bord findet jedoch eine Kontraktion der Zeit statt, und es vergehen nur 30 Jahre. Nach der Rückkehr von der Reise ist die Crew also um 60 Jahre gealtert, während alle anderen auf der Erde um 100 Jahre gealtert sind.
Wie die Zeit vergeht, ist von der Geschwindigkeit des Beobachters abhängig.

bewirken, dass sich gerade Lichtstrahlen im Raum biegen und damit geodätische Kurven bilden.

Laut Einstein wird die Krümmung der Raum-Zeit durch die Schwerkraft verursacht. Beispielsweise erzeugt ein schweres Objekt auf einem flachen Bett eine Eindellung der Bettdecke, also der Oberfläche. Die Schwerkraft verzerrt das ruhige – und ebene – euklidische Universum genau wie das schwere Objekt den Bettbezug nach unten drückt. Wenn Schwerkraft vorliegt, wird das Universum verzerrt und es tritt eine Krümmung auf.

Die Entwicklung der nichteuklidischen Geometrie bietet der Wissenschaftsgemeinschaft sowohl eine faszinierende Gelegenheit als auch eine große Herausforderung: Wie soll erklärt werden, ob ein physischer Raum ein euklidischer Raum ist, und wenn nicht, welches geometrische Modell vorliegt? Wir müssen außerdem die Möglichkeit in Betracht ziehen, dass Raum heterogen ist, d. h. seine geometrische Struktur (euklidisch, hyperbolisch oder elliptisch) variiert zwischen unterschiedlichen Orten. Klar ist, dass wir für die Lösung dieses Problems einen experimentellen Beweis der Axiome von Euklid und seinen späteren Kollegen brauchen.

Die richtige Geometrie

Die allgemeine Relativitätstheorie schlägt eine interessante Schlussfolgerung für diese Fragen vor: Die drei Geometrien, euklidisch, hyperbolisch und elliptisch, sind alle gleichermaßen gültig. Die Relativität schließt keine dieser Möglichkeiten aus. Alle Geometrien sind für relativ kurze Distanzen äquivalent. Haben wir es jedoch mit astronomischen Distanzen oder großen Konzepten moderner Physik zu tun, wie beispielsweise der Relativitäts- oder Wellenausbreitungstheorie, ergeben nichteuklidische Geometrien eine etwas präzisere Beschreibung der Phänomene. Man könnte sagen, alle Geometrien sind für die reale Welt geeignet, aber es gibt für jede von ihnen einen optimalen Anwendungsbereich. Jede Geometrie hat ihren Platz in der Forschung, weil sie für ganz bestimmte Anwendungsgebiete geeignet ist. Für keine von ihnen kann behauptet werden, sie sei universell einsetzbar.

Wenn wir über die Oberfläche einer Kugel gehen und Messungen vornehmen, finden wir uns in einem Universum wieder, das von der elliptischen Geometrie beherrscht wird. Wenn wir uns mit annähernder Lichtgeschwindigkeit bewegen, müssen wir die Minkowski-Geometrie auf Raum-Zeit anwenden. Die Menschen scheinen jedoch hyperbolisch zu denken. Die Brentano-Hypothese, benannt zu Ehren des deutschen Psychologen Franz Brentano (1838-1917), besagt, dass Menschen kleine Winkel überschätzen und große Winkel unterschätzen. Diese Hypothese wurde empirisch bewiesen: Experimente zur Wahrnehmung führten zu dem Schluss, dass der vom Menschen wahrgenommene Raum hyperbolisch ist.

Die Frage nach einer „richtigen" Geometrie wäre vor dem 19. Jahrhundert absurd gewesen, wenn nicht völlig unverständlich. Wie wir anhand des immensen Einflusses erkennen, den die Entdeckung der nichteuklidischen Geometrien und der Relativitätstheorie hatte, haben die neuen Geometrien zweifellos die Grundlage für die wichtigsten wissenschaftlichen Theorien der letzten Jahre gebildet, ja, den Raum der Menschen im Universum neu definiert. Aber ebenso wie für die immensen Maßstäbe der Relativität wurden die Geometrien auch verwendet, um die winzigen Strukturen des Atomkerns zu erforschen.

Nichts davon bedeutet jedoch, dass die euklidische Geometrie als nutzloses Relikt der Vergangenheit aufgegeben werden sollte. Die euklidische Geometrie ist immer noch das zugänglichste System im Alltagsleben, wo wir es weiter einsetzen, um unsere grundlegendsten Probleme zu lösen. Sie brauchen keine hyperbolische Geometrie, um die Möbel in Ihrem Esszimmer umzustellen – es sei denn natürlich, das Zimmer befindet sich auf einer Pseudokugel.

Kapitel 5

Die überraschenden Ergebnisse der hyperbolischen Geometrie*

* Hinweis für den Leser: Das Verstehen dieses Kapitels erfordert profunde mathematische Kenntnisse.

Bisher haben wir die grundlegenden Theorien hinter den wichtigsten nichteuklidischen Geometrien betrachtet. Dabei haben wir ihre Entdecker vorgestellt und die historischen Zusammenhänge gezeigt. Jetzt wollen wir das Thema detaillierter betrachten und die mathematischen Konsequenzen beleuchten, die durch die Ablehnung des fünften Postulats von Euklid entstehen.

Zunächst fassen wir die Arbeiten von Bolyai und Lobatschewski zusammen und zeigen, wie ihre Geometrie funktioniert und aussieht. Wir können hier jedoch keine vollständige Liste aller ihrer Sätze und Erklärungen wiedergeben.

Am radikalsten haben die Ergebnisse die Art und Weise verändert, wie der Mensch das Weltall betrachtet. Wie üblich, spielen grafische Darstellungen eine eher untergeordnete Rolle und sind nicht maßgeblich für die Mathematik der Argumente, aber sie stellen immer noch die beste Methode dar, diesen gewaltigen Paradigmenwechsel zu verstehen. Wie wir bereits gezeigt haben, ist die hyperbolische Geometrie ein nichteuklidisches System, in dem das fünfte Postulat über Parallelen durch das folgende ersetzt wird: Durch einen Punkt *P*, der nicht auf einer geraden Linie *l* liegt, können mindestens zwei Linien gezeichnet werden, die parallel dazu sind. Dieses sogenannte hyperbolische Postulat der Parallelen kann auf zweierlei Arten grafisch dargestellt werden.

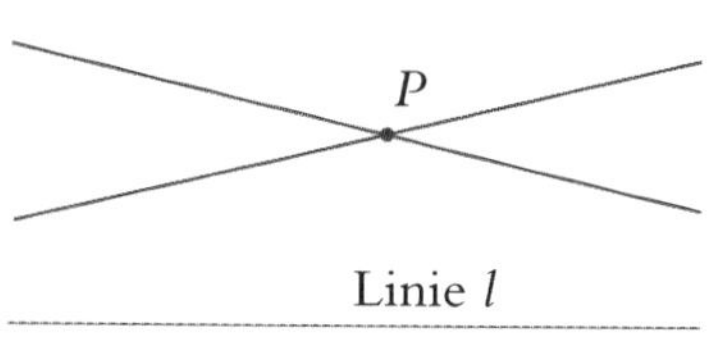

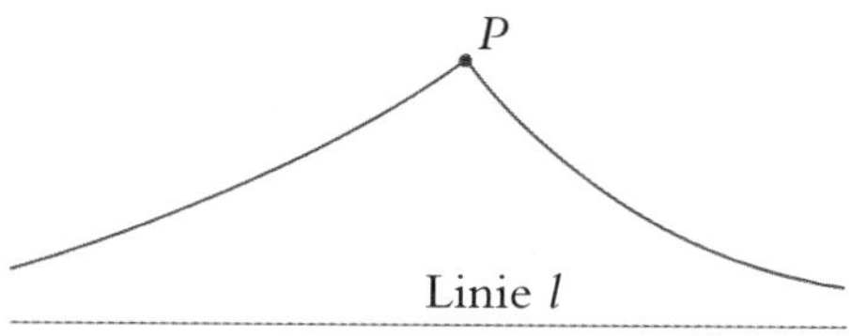

Auf der Grundlage dieser Hypothese unterstützt die hyperbolische Geometrie verschiedene Konzepte, die konform zu ihrem speziellen geometrischen Raum sind. Wir beginnen mit dem grundlegenden Theorem.

Begrenzungswinkel paralleler und gerader Linien

Das Ergebnis mit den Begrenzungswinkeln für Parallelen und gerade Linien wird als grundlegendes Theorem der hyperbolischen Geometrie betrachtet (s. Abb.). Durch einen Punkt P außerhalb einer vorgegebenen Linie *l* verlaufen mindestens zwei

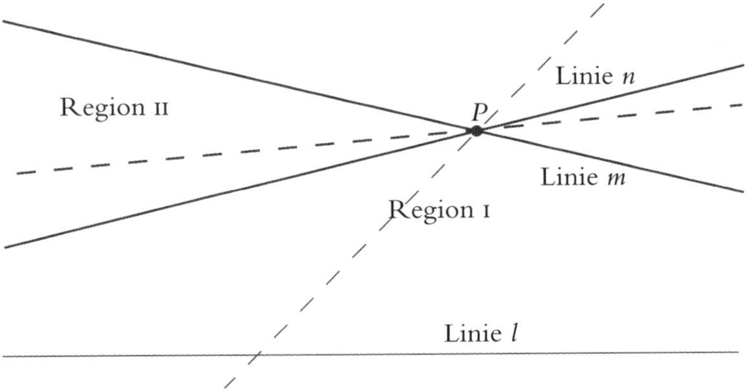

Linien, *m* und *n*, die parallel zu *l* sind, sodass alle Linien innerhalb der Region I die Linie *l* schneiden, und diejenigen innerhalb der Region II die Linie *l* nicht schneiden. Dieses Ergebnis zeigt, dass es unendlich viele parallele Linien durch den Punkt *P* gibt. Die Linien *m* und *n*, die sogenannten Begrenzungslinien, begrenzen zwei Regionen (I und II). In einer der Regionen befinden sich parallele Linien, in der anderen befinden sich Regionen, die *l* schneiden.

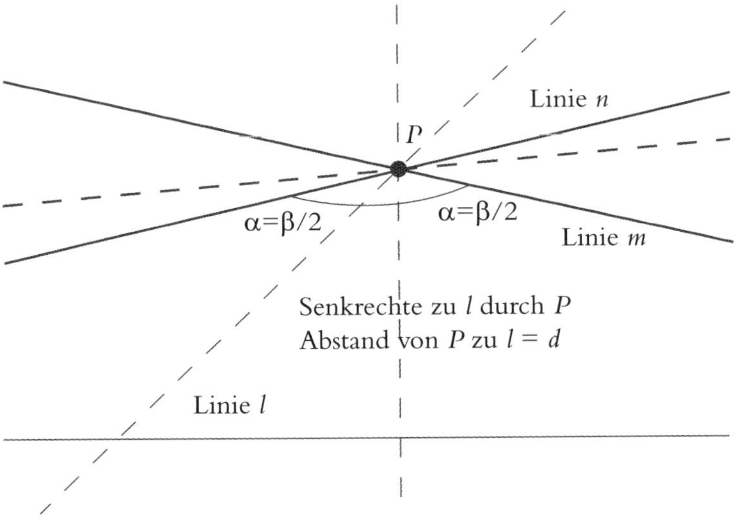

In Region I bilden somit die Begrenzungslinien *m* und *n* einen Winkel β, der kleiner als zwei rechte Winkel ist (180°), wie in der zweiten Abbildung gezeigt.

Der Wert $\beta/2=\alpha$ wird als Parallelitätswinkel bezeichnet. Beachten Sie, dass α ein spitzer Winkel ist (kleiner als ein rechter Winkel). Das ist eine wichtige Tastsache, wenn wir daran denken, dass dieser Wert in der euklidischen Geometrie immer ein rechter Winkel ist.

In der zweiten Abbildung wurde eine Senkrechte von *P* auf die Linie *l* gezogen, und der Abstand von *P* zu *l* ist *d*. Wir erkennen, dass α von der Länge von *d* abhängig ist (Sie wissen, dass es sich nicht um eine ebene Oberfläche handelt), sodass gilt:

1. Wenn *d* abnimmt, nähert sich α einem rechten Winkel an (90°).

2. Wenn *d* zunimmt, nähert sich α 0 an.

Dieses Ergebnis kann man sich anhand eines Gummibandes vorstellen. *P* ist ein Objekt an einem Ende des Gummibands, das maximal gedehnt und senkrecht auf *l* befestigt ist, sodass sich *P* nach oben bewegen kann, d. h. der Wert von *d* wird vergrößert, ebenso wie nach unten, sodass sich die Linien in Übereinstimmung mit dem Gummiband bewegen. Damit erkennen wir, wie sich der Parallelitätswinkel verändert.

In dieser Situation haben wir einen konstanten Wert, den wir als *k* bezeichnen, abhängig von der für *d* verwendeten Längeneinheit, und erhalten den folgenden Ausdruck:

$$\tan\left(\frac{\alpha}{2}\right) = e^{-\frac{d}{k}}.$$

Das obige Ergebnis kann auch auf andere Weise abgeleitet werden.
Wenn der Wert von *d* zunimmt, geht die rechte Seite der Gleichung gegen 0, der Wert von $\tan\left(\frac{\alpha}{2}\right)$ geht ebenfalls gegen 0, d. h. α ist praktisch 0.

Ist analog dazu *d* sehr klein, geht der Term $\tan\left(\frac{\alpha}{2}\right)$ gegen 1, damit erhalten wir $\frac{\alpha}{2} \approx \frac{\pi}{4}$, d. h. $\alpha \approx \frac{\pi}{2}$ (damit 90°, ein rechter Winkel).

In der euklidischen Geometrie variiert mit veränderten Abständen kein Winkel auf diese Weise. In der hyperbolischen Geometrie werden wir jedoch erkennen, dass der Winkel immer vom Wert von *d* abhängig ist.

Dreieck ist, desto größer ist seine Fläche, und desto kleiner sind seine Winkel. In sehr kleinen Regionen (in der Mathematik: infinitesimal) tendiert die Summe der Winkel von Dreiecken gegen 180°. Wir können also sagen, die euklidische Geometrie ist ein Begrenzungsfall für die hyperbolische Geometrie.

Johann Heinrich Lambert, der bereits in Kapitel 3 angesprochen wurde, hat bereits Mitte des 18. Jahrhunderts erkannt, dass er durch Ablehnung des fünften Postulats von Euklid zu dem Ergebnis gelangte, dass die Summe der Winkel eines Dreiecks zunahm und sich 180° annäherte, je kleiner die Fläche des Dreiecks wurde.

Kreise

Die grundlegende Geometrie, wie sie in Schulen unterrichtet wird, konzentriert sich nicht nur auf Dreiecke. Der Kreis ist eine weitere geometrische Form auf dem Lehrplan, und jeder weiß, was ein Radius ist. Das Axiom ist natürlich euklidisch und legt fest, dass die Länge des Umfangs proportional zum Radius r ist. Diese Beziehung beinhaltet ein weiteres berühmtes mathematisches Zeichen, die Zahl π:

$$\text{Umfang} = 2\pi r.$$

In der hyperbolischen Geometrie wird die Länge eines Umfangs dagegen nach der folgenden Formel berechnet:

$$\text{Umfang} = k\pi(e^{r/k} - e^{-r/k}) = k\pi\left(2\,sinh\left(\frac{r}{k}\right)\right).$$

In diesem Ausdruck ist k der Proportionalitätsfaktor, und $sinh\left(\frac{r}{k}\right)$ ist der sogenannte hyperbolische Sinus von $\frac{r}{k}$. Die Zahl e ist ein weiterer alter Bekannter, dessen erste Dezimalstellen 2,718281828… lauten. Jetzt erinnern wir uns, dass

$$sinh(A) = \frac{e^{A} - e^{-A}}{2}.$$

Wenn wir den ersten Ausdruck,

$$\text{Umfang} = k\pi(e^{r/k} - e^{-r/k}) = k\pi\left(2\,sinh\left(\frac{r}{k}\right)\right),$$

Dreiecke

Die Formel für die Fläche eines Dreiecks in d
jedes Dreieck gleich: $A=\frac{bh}{2}$, d. h. Basis mal Höh
Grundlage für diesen Ausdruck ist die Tatsache
immer gleich 180° ist. Das Seltsamste beim Verha
lischen Geometrie ist, dass die Formel für die Fläc
ist. Wie bereits erklärt, ergibt die Winkelsumme e
Geometrie immer weniger als zwei rechte Wink
einem Viereck ist also ebenfalls kleiner als 360°.

Wenn in der euklidischen Geometrie die drei
und die drei Winkel *A*', *B*' und *C*' eines andere
denselben Wert –, dann sind die Dreiecke „ähnlic
die Seiten dieselben Längen haben, weil eines d
sein kann. In der hyperbolischen Geometrie stel
dieser Situation auch dieselbe Größe haben.

Jetzt betrachten wir den Prozess genauer. Se
Dreiecks. Ihre Summe ist kleiner als zwei recht
den positiven Wert verwenden, den wir durch Su
erhalten. Diese Zahl wird auch als der Rest bezeic
Ergebnis: Die Fläche eines Dreiecks ist proporti

Wenn wir den Proportionalitätskoeffizienten
Formel für die Fläche des Dreiecks durch den fo

$$\text{Fläche} = \frac{\pi}{180}k^2(180-(A$$

Der maximale Wert für die Fläche eines Dreiec
Geometrie gibt es keine Dreiecke mit unendlich
keinen Beweis für dieses Ergebnis zeigen, weil di
Wir zeigen einfach die Gleichung, egal, wie selts

Die Ausdrücke für die Berechnung der Fläc
unsere vorherige Aussage zu bestätigen. Tatsäch
zwei Dreiecke mit denselben Winkeln nicht unb
müssen damit nicht gleich sein. In der hyperbo
gleich groß sein, wenn sie dieselben Winkel (und

Beachten Sie außerdem, dass in der hyperbolis

In Region I bilden somit die Begrenzungslinien *m* und *n* einen Winkel β, der kleiner als zwei rechte Winkel ist (180°), wie in der zweiten Abbildung gezeigt.

Der Wert $\beta/2=\alpha$ wird als Parallelitätswinkel bezeichnet. Beachten Sie, dass α ein spitzer Winkel ist (kleiner als ein rechter Winkel). Das ist eine wichtige Tastsache, wenn wir daran denken, dass dieser Wert in der euklidischen Geometrie immer ein rechter Winkel ist.

In der zweiten Abbildung wurde eine Senkrechte von *P* auf die Linie *l* gezogen, und der Abstand von *P* zu *l* ist *d*. Wir erkennen, dass α von der Länge von *d* abhängig ist (Sie wissen, dass es sich nicht um eine ebene Oberfläche handelt), sodass gilt:

1. Wenn *d* abnimmt, nähert sich α einem rechten Winkel an (90°).

2. Wenn *d* zunimmt, nähert sich α 0 an.

Dieses Ergebnis kann man sich anhand eines Gummibandes vorstellen. *P* ist ein Objekt an einem Ende des Gummibands, das maximal gedehnt und senkrecht auf *l* befestigt ist, sodass sich *P* nach oben bewegen kann, d. h. der Wert von *d* wird vergrößert, ebenso wie nach unten, sodass sich die Linien in Übereinstimmung mit dem Gummiband bewegen. Damit erkennen wir, wie sich der Parallelitätswinkel verändert.

In dieser Situation haben wir einen konstanten Wert, den wir als *k* bezeichnen, abhängig von der für *d* verwendeten Längeneinheit, und erhalten den folgenden Ausdruck:

$$\tan\left(\frac{\alpha}{2}\right) = e^{-\frac{d}{k}}.$$

Das obige Ergebnis kann auch auf andere Weise abgeleitet werden.
Wenn der Wert von *d* zunimmt, geht die rechte Seite der Gleichung gegen 0, der Wert von $\tan\left(\frac{\alpha}{2}\right)$ geht ebenfalls gegen 0, d. h. α ist praktisch 0.

Ist analog dazu *d* sehr klein, geht der Term $\tan\left(\frac{\alpha}{2}\right)$ gegen 1, damit erhalten wir $\frac{\alpha}{2} \approx \frac{\pi}{4}$, d. h. $\alpha \approx \frac{\pi}{2}$ (damit 90°, ein rechter Winkel).

In der euklidischen Geometrie variiert mit veränderten Abständen kein Winkel auf diese Weise. In der hyperbolischen Geometrie werden wir jedoch erkennen, dass der Winkel immer vom Wert von *d* abhängig ist.

Äquidistante Kurven

In der euklidischen Geometrie ist der A
von der Linie l immer gleich. Wie wir
der Welt der hyperbolischen Geometri

Betrachten Sie eine Linie l und ein
Sie einen Punkt P auf s, wie in der folg

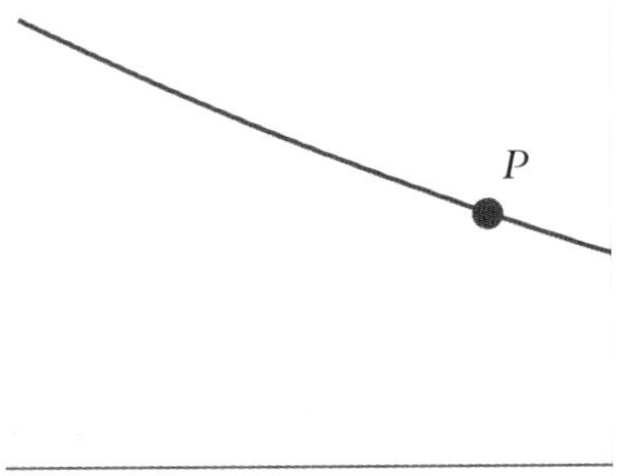

Wenn sich P nach rechts bewegt, erk
abnimmt. In der Mathematik würden v

Wir können auch sagen, dass die Li
vergieren. Verschiebt sich analog dazu
erkennen wir, dass die Distanz von P z
die Linien l und s divergieren.

Wenn wir also in der hyperbolischen
welche die Distanz zu einer anderen Lin
Linie bezeichnet werden. Stattdessen w
einer bestimmten Linie einhält, als äqu

Pythagoras, Dreiecke und

Jetzt zeigen wir Ergebnisse für Problem
zwischen ihren Flächen und Längen a
den Satz des Pythagoras, und wir unte
Geometrie verhält. Dazu verwenden v
Schule kennen.

Dreieck ist, desto größer ist seine Fläche, und desto kleiner sind seine Winkel. In sehr kleinen Regionen (in der Mathematik: infinitesimal) tendiert die Summe der Winkel von Dreiecken gegen 180°. Wir können also sagen, die euklidische Geometrie ist ein Begrenzungsfall für die hyperbolische Geometrie.

Johann Heinrich Lambert, der bereits in Kapitel 3 angesprochen wurde, hat bereits Mitte des 18. Jahrhunderts erkannt, dass er durch Ablehnung des fünften Postulats von Euklid zu dem Ergebnis gelangte, dass die Summe der Winkel eines Dreiecks zunahm und sich 180° annäherte, je kleiner die Fläche des Dreiecks wurde.

Kreise

Die grundlegende Geometrie, wie sie in Schulen unterrichtet wird, konzentriert sich nicht nur auf Dreiecke. Der Kreis ist eine weitere geometrische Form auf dem Lehrplan, und jeder weiß, was ein Radius ist. Das Axiom ist natürlich euklidisch und legt fest, dass die Länge des Umfangs proportional zum Radius r ist. Diese Beziehung beinhaltet ein weiteres berühmtes mathematisches Zeichen, die Zahl π:

$$\text{Umfang} = 2\pi r.$$

In der hyperbolischen Geometrie wird die Länge eines Umfangs dagegen nach der folgenden Formel berechnet:

$$\text{Umfang} = k\pi(e^{r/k} - e^{-r/k}) = k\pi\left(2\,sinh\left(\frac{r}{k}\right)\right).$$

In diesem Ausdruck ist k der Proportionalitätsfaktor, und $sinh\left(\frac{r}{k}\right)$ ist der sogenannte hyperbolische Sinus von $\frac{r}{k}$. Die Zahl e ist ein weiterer alter Bekannter, dessen erste Dezimalstellen 2,718281828… lauten. Jetzt erinnern wir uns, dass

$$sinh(A) = \frac{e^{A} - e^{-A}}{2}.$$

Wenn wir den ersten Ausdruck,

$$\text{Umfang} = k\pi(e^{r/k} - e^{-r/k}) = k\pi\left(2\,sinh\left(\frac{r}{k}\right)\right),$$

zu einer Potenzreihe weiterentwickeln, erhalten wir die Gleichung

$$\text{Umfang} = k\pi(e^{r/k} - e^{-r/k}) = 2\pi r\left(1 + \frac{1}{6}\frac{r^2}{k^2} + \ldots\right).$$

Damit haben wir einen neuen Ausdruck für die Länge eines Umfangs, ausgedrückt als die Summe der Terme in einer unendlichen Folge.

Wenn wir den zweiten Term des Ausdrucks,

$$\text{Umfang} = k\pi(e^{r/k} - e^{-r/k}) = 2\pi r\left(1 + \frac{1}{6}\frac{r^2}{k^2} + \ldots\right),$$

genauer betrachten, erkennen wir, dass wenn r sehr klein ist, der Faktor $\left(1 + \frac{1}{6}\frac{r^2}{k^2} + \ldots\right)$ gegen 1 geht, die Formel für die Länge reduziert sich also auf den besser bekannten Ausdruck, den wir aus der euklidischen Geometrie kennen:

$$\text{Umfang} = 2\pi r.$$

Wir können ein ganz einfaches Experiment durchführen, um diese Ähnlichkeit zu beweisen. Um die Berechnung einfacher handhaben zu können, wollen wir annehmen, dass wir Abstände in Kilometern messen. Betrachten Sie den obigen Ausdruck für die Länge eines Umfangs unter Verwendung der Potenzreihe. Der Faktor k hat den Wert $k = 10^{17}$, und wir wollen die Länge des Umfangs eines Kreises mit einem Radius von 100 km berechnen.

Setzen wir diese Werte in den Ausdruck

$$\text{Umfang} = 2\pi r\left(1 + \frac{1}{6}\frac{r^2}{k^2} + \ldots\right)$$

ein und auch in den Umfang $= 2\pi r$, stellen wir fest, dass der Fehler nur 10^{-9} beträgt.

Wenn die Berechnung für einen Radius von 1 km durchgeführt wird, liegt der Fehler in der Größenordnung von 10^{-12}. Anschließend rechnen wir mit kleineren Werten weiter, wenn der Kreis schrumpft. Bei einem Radius von 1 m beträgt der Fehler ca. 10^{-15}. Damit haben wir gezeigt, dass die Länge eines Umfangs in der hyperbolischen Geometrie bei kleinen Abmessungen gegen die Länge des Umfangs in der euklidischen Geometrie tendiert. Diese Art Schlussfolgerung kann auf die Formeln für die Fläche eines Dreiecks angewendet werden.

TAYLOR-REIHEN

Unter bestimmten Bedingungen ist die folgende Identität gültig für eine Menge A: $e^A = 1 + A + \frac{A^2}{2!} + \frac{A^3}{3!} + \frac{A^4}{4!} + \ldots$ Dieser Ausdruck für e^A wird als Taylor-Expansion bezeichnet, nach dem britischen Mathematiker Brook Taylor (1685-1713). Wenn Sie einen altmodischen Taschenrechner mit nur den vier Grundrechenarten verwenden (Addition, Subtraktion, Multiplikation und Division), gestattet Ihnen die obige Formel, jede Potenz zu berechnen, indem Sie einfach einen Wert für *A* einsetzen. Je mehr Terme verwendet werden, desto präziser ist das Ergebnis.

Der Ausdruck $n!$ ist eine Abkürzung für das Produkt $n(n-1)(n-2) \times \ldots \times 1$ und heißt „*n* Fakultät".
Beispielsweise ist 5! = 5 x 4 x 3 x 2 x 1 = 120.
Wenden wir die Taylor-Erweiterung an auf: Umfang = $k\pi(e^{r/k} - e^{-r/k})$, erhalten wir

$$2\pi r + \frac{\pi}{3k^2} r^3 + \frac{\pi}{60k^4} r^5 + \frac{\pi}{2\,520k^6} r^7 + \frac{\pi}{181\,440k^8} r^9 + O(r^{11}).$$

Der letzte Term ist sehr klein und verwendet *r* in der 11. Potenz. Wird der Term $2\pi r$ als gemeinsamer Faktor aus dieser Erweiterung extrahiert, erhalten wir schließlich die folgende Gleichung: Umfang = $2\pi r(1 + \frac{1}{6}\frac{r^2}{k^2} + \ldots)$.

Der Quotient $\frac{n}{k}$ gibt die Differenz zwischen den Eigenschaften einer Form in der hyperbolischen und in der euklidischen Geometrie an, wobei *n* eine Dimension der Form ist (der Radius eines Kreises, die Seite eines Dreiecks). Für einen astronomischen Maßstab dagegen kann der Quotient $\frac{n}{k}$ nicht einfach ignoriert werden.

Tatsächlich dienen die hier gezeigten Ergebnisse nur dazu, zu bestätigen, dass die hyperbolische Geometrie eine Erweiterung der euklidischen Geometrie darstellt. Lobatschewski schlug diese Idee enthusiastisch innerhalb seiner Theorien vor und bezeichnete deshalb seine Geometrie als Pangeometrie, d. h. „universelle Geometrie".

Pythagoras

Es ist nie verkehrt, Wissen, das auf bestimmten Voraussetzungen basiert, aus einem anderen Blickwinkel zu betrachten. Die Auswirkung der neuen Geometrien ist jedoch nirgendwo deutlicher zu spüren als beim Satz des Pythagoras. In der hyperbolischen Geometrie ist der Satz des Pythagoras genauso grundlegend wie im Original, und (wie erwartet) über kleine Distanzen verhält er sich genau wie andere hyperbolische Objekte. Mit anderen Worten, er entspricht genau der euklidischen Version. Mit zunehmenden Distanzen ändert sich jedoch die Situation.

Betrachten wir ein Dreieck in der hyperbolischen Geometrie, dessen Seiten wir mit a, b und c kennzeichnen. c ist die Hypotenuse. Mit den Winkeln A, B und C sieht die Form, die unsere klassische Vorstellung von einem Dreieck schwer in Frage stellt, wie folgt aus:

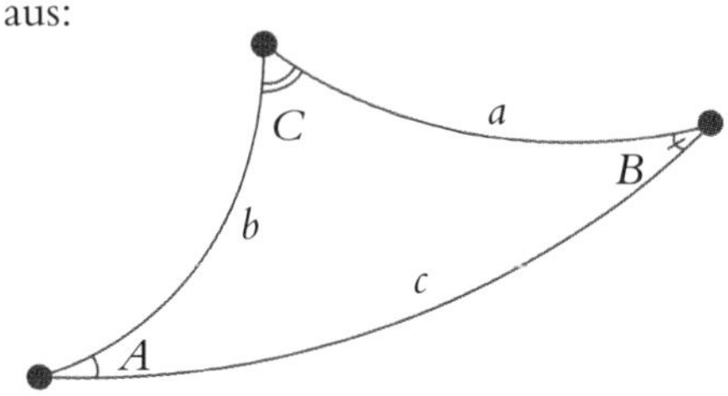

In diesem Dreieck ist

$$2(e^{c/k} + e^{-c/k}) = (e^{a/k} + e^{-a/k})(e^{b/k} + e^{-b/k}).$$

Dies kann im Hinblick auf die hyperbolische Geometrie wie folgt ausgedrückt werden:

$$cosh\left(\frac{c}{k}\right) = cosh\left(\frac{a}{k}\right) cosh\left(\frac{b}{k}\right).$$

Erweitern wir $2(e^{c/k} + e^{-c/k}) = (e^{a/k} + e^{-a/k})(e^{b/k} + e^{-b/k})$ als Potenzreihe, wie wir es für den Umfang eines Kreises gemacht haben, erhalten wir die folgende Gleichung:

$$c^2 + \frac{c^4}{12k^4} + \ldots = a^2 + b^2 + \frac{a^4 \times 6\frac{a^2}{b^2} + b^4}{12k^2} + \ldots$$

Wir können überprüfen, dass für die Seiten eines kleinen Dreiecks die pythagoreische Formel

$$c^2 = a^2 + b^2$$

völlig korrekt ist, und dies ist offensichtlich die traditionelle Version aus der euklidischen Geometrie.

HYPERBOLISCHE FUNKTIONEN

Hyperbolische Funktionen tragen ihren Namen, weil ihre Eigenschaften an die der klassischen trigonometrischen Funktionen erinnern. Sie sind so mit der Hyperbel verwandt, wie traditionelle trigonometrische Funktionen mit dem Kreis verwandt sind.

Hyperbolischer Sinus	$sinh(x) = \frac{e^x - e^{-x}}{2}$
Hyperbolischer Kosinus	$cosh(x) = \frac{e^x + e^{-x}}{2}$
Hyperbolischer Tangens	$tanh(x) = \frac{senh(x)}{cosh(x)}$
Hyperbolischer Kotangens	$cotanh(x) = \frac{1}{tanh(x)}$
Hyperbolischer Sekans	$sech(x) = \frac{1}{cosh(x)}$
Hyperbolischer Kosekans	$cosech(x) = \frac{1}{senh(x)}$

Nachdem all diese Beispiele dasselbe Ergebnis erbracht haben, ist klar, dass wir kategorisch sagen können, dass sich für sehr kleine Regionen parallele Linien in einer hyperbolischen Ebene nicht von euklidischen Parallelen unterscheiden. Andererseits wurden all diese Berechnungen durch die hyperbolische trigonometrische Funktion charakterisiert, eine spezielle Version der traditionellen Sinus- und Kosinusfunktionen, die wir als hyperbolischen Sinus und hyperbolischen Kosinus bezeichnet haben. Willkommen in der hyperbolischen Trigonometrie.

Hyperbolische Trigonometrie

Aufgrund der Komplexität ihrer mathematischen Bemühungen waren Bolyai und Lobatschewski gezwungen, trigonometrische Ausdrücke für die hyperbolische Geometrie zu entwickeln. Komischerweise haben sie auch dies, genau wie ihre restlichen Arbeiten, unabhängig voneinander getan. Dies kennzeichnet ihr Genie, zeigt aber auch, dass die Ergebnisse, die die beiden erzielten, sehr wahrscheinlich richtig sind.

In den Beziehungen, die die beiden Forscher eingerichtet haben, können die Formeln abhängig von der Größe der verwendeten Region zum Teil auf die klassische Trigonometrie reduziert werden, in anderen Situationen dagegen müssen neue, völlig unerforschte Gebiete verwendet werden.

Wenn x eine Menge ist, sind der hyperbolische Sinus und der hyperbolische Kosinus definiert als

$$sinh(x) = \frac{e^x - e^{-x}}{2} \quad \text{und} \quad cosh(x) = \frac{e^x + e^{-x}}{2}.$$

Analog dazu ist der hyperbolische Tangens genau wie in der grundlegenden Trigonometrie definiert als

$$tanh(x) = \frac{sinh(x)}{cosh(x)}.$$

Bevor wir genauer darauf eingehen, wollen wir uns noch einmal kurz die sogenannte Sinusregel ins Gedächtnis rufen.

In einem Dreieck mit den Seiten a, b und c mit den Winkeln A, B und C, wie nachfolgend gezeigt

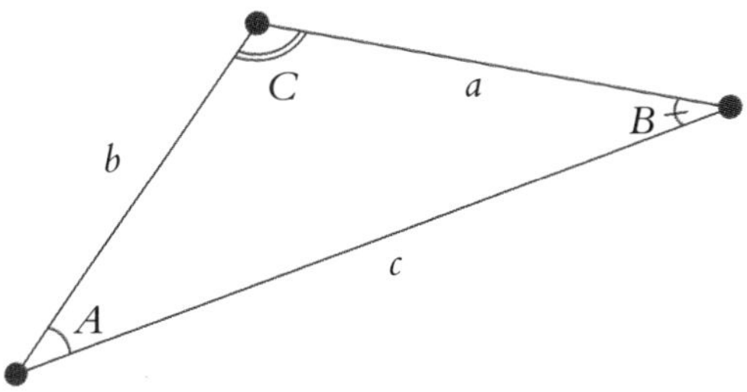

gelten die folgenden Beziehungen:

$$\frac{a}{sin(A)} = \frac{b}{sin(B)} = \frac{c}{sin(C)}.$$

Eine ähnliche Beziehung kann in der hyperbolischen Trigonometrie ausgedrückt werden:

$$\frac{sin(A)}{sinh(a)} = \frac{sin(B)}{sinh(b)} = \frac{sin(C)}{sinh(c)}.$$

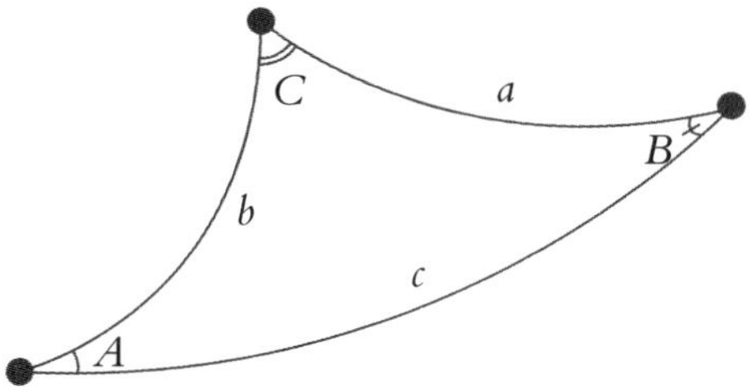

Um die Gleichheit der beiden Formen zu überprüfen, ersetzen wir einfach den hyperbolischen Sinus und Kosinus durch die Beziehungen, die sie definieren:

$$sinh(x) = \frac{e^x - e^{-x}}{2}, \quad cosh(x) = \frac{e^x + e^{-x}}{2}.$$

Wir erkennen, dass wir bei Durchführung der jeweiligen Berechnungen tatsächlich dasselbe Ergebnis erhalten.

Mit Formeln, die den hyperbolischen Sinus und Kosinus definieren, erhalten wir auch andere trigonometrische Identitäten, die vergleichbar mit denjenigen in der euklidischen Geometrie sind. Beispielsweise können wir überprüfen, dass

$$cosh(x+y) = cosh(x)\,cosh(y) + sinh(x)\,sinh(y)$$

äquivalent ist zum Ausdruck

$$cos(x+y) = cos(x)\,cos(y) - sin(x)\,sin(y).$$

HAUPTSATZ DER HYPERBOLISCHEN TRIGONOMETRIE

In der euklidischen Trigonometrie gibt es eine wichtige Identität, den Hauptsatz der Trigonometrie, der besagt, dass $sin^2(x) + cos^2(x) = 1$ ist. Das Gegenstück in der hyperbolischen Trigonometrie lautet:

$$cosh^2(x) - sinh^2(x) = 1.$$

$$cosh^2(x) - sinh^2(x) = \left(\frac{e^x + e^{-x}}{2}\right)^2 - \left(\frac{e^x - e^{-x}}{2}\right)^2$$

$$= \frac{e^{x^2}}{4} + \frac{e^{-x^2}}{4} + \frac{e^x e^{-x}}{2} - \frac{e^{-x^2}}{4} + \frac{e^x e^{-x}}{2} - \frac{e^{-x^2}}{4} = \frac{e^0}{2} + \frac{e^0}{2} = \frac{1}{2} + \frac{1}{2} = 1.$$

EINE FRAGE DER TERMINOLOGIE

In der euklidischen Terminologie werden Sinus und Kosinus als Kreisfunktionen bezeichnet, weil man sie aus den Eigenschaften des Kreises ableiten kann. Betrachten wir einen Kreis mit dem Radius 1, dessen Mittelpunkt am Ursprung des Koordinatensystems liegt, wird er mathematisch als $x^2 + y^2 = 1$ ausgedrückt. In diesem einfachen Beispiel können wir eine Größe t verwenden, sodass der Ausdruck zu $x = \cos t$ und $y = \sin t$ wird, der die Relation $x^2 + y^2 = 1$ erfüllt. Diese Gleichung wird als die parametrische Gleichung eines Kreises bezeichnet.
Wenn wir den Graphen des Ausdrucks $x^2 - y^2 = 1$ statt als Kreis als Hyperbel darstellen, ist $x = cosh(t)$ und $y = sinh(t)$, womit die Relation $x^2 + y^2 = 1$ erfüllt ist. Diese Gleichung wird als die „Hyperbelgleichung" bezeichnet.
Vergleicht man die Graphen des Kreises und der Hyperbel, kommt uns sofort etwas bekannt vor. Der Graph der Hyperbel erinnert an die Pseudokugel.

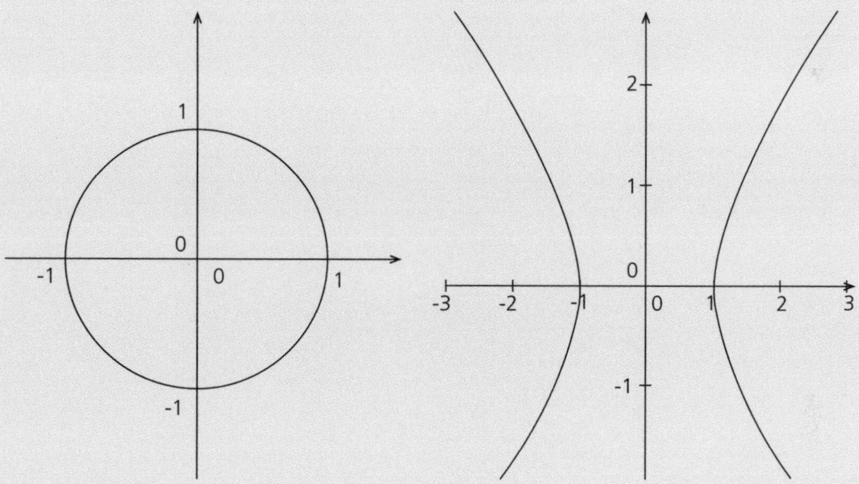

Und für den Tangens kann gezeigt werden, dass

$$tanh(x+y) = \frac{tanh(x) + tanh(y)}{1 + tanh(x)\,tanh(y)},$$

was das Gegenstück ist zu

$$tan(x+y) = \frac{tan(x) + tan(y)}{1 - tan(x)tan(y)}.$$

EUKLIDISCHE TRIGONOMETRIE

Formeln für die trigonometrische Addition:

$$sin(x+y)=sin(x)cos(y)+cos(x)sin(y),$$
$$cos(x+y)=cos(x)cos(y)-sin(x)sin(y).$$

Formeln für die trigonometrische Subtraktion:

$$sin(x-y)=sin(x)cos(y)-cos(x)sin(y),$$
$$cos(x-y)=cos(x)cos(y)+sin(x)sin(y).$$

AUFLÖSUNG EINES HYPERBOLISCHEN DREIECKS ANHAND SEINER WINKEL

Man weiß, dass in einem hyperbolischen Dreieck die Innenwinkel A = 8°, B = 22° und C = 40° sind. Der Rest und die hyperbolischen Seitenlängen sollen berechnet werden.
Unter Verwendung der Restmethode erhalten wir 180° - (8° + 22° + 40°) = 110°. Um die Längen der Seiten zu berechnen, kann das hyperbolische Gesetz des Winkel-Kosinus verwendet werden. Damit erhalten wir:

$$cosh(a)=\frac{cos(B)cos(C)+cos(A)}{sin(B)sin(C)}=\frac{cos(22)cos(40)+cos(8)}{sin(22)sin(40)}=\frac{1{,}700532108}{0{,}2407924768}=7{,}062231057.$$

Anhand dieses Ergebnisses können wir den Wert von a berechnen. Dafür benötigen wir jedoch einen Taschenrechner und müssen die inverse Funktion des hyperbolischen Kosinus berechnen. Der Wert ist 2,642857562. Damit erhalten wir:

$$cosh(b)=\frac{cos(C)cos(A)+cos(B)}{sin(A)sin(B)}=\frac{cos(40)cos(48)+cos(22)}{sin(40)sin(8)}=\frac{1{,}685773206}{0{,}0894587449}=18{,}84414104,$$

und somit b = 3,628644458. Außerdem:

$$cosh(c)=\frac{cos(A)cos(B)+cos(C)}{sin(A)sin(B)}=\frac{cos(8)cos(22)+cos(40)}{sin(40)sin(8)}=\frac{1{,}684205008}{0{,}05213516125}=32{,}30458999,$$

womit wir wissen, dass c = 4,168116861.
Glücklicherweise unterstützen die neuen wissenschaftlichen Taschenrechner diese Funktionen, und die Berechnung kann ohne mühseligen Aufwand durchgeführt werden!

Natürlich können auch die anderen Beziehungen unter Verwendung der Definition des hyperbolischen Sinus und Kosinus überprüft werden.

Aus der bekannten Tabelle traditioneller trigonometrischer Identitäten kann eine ähnliche Tabelle für die hyperbolische Geometrie erstellt werden. Wir ersetzen einfach die Terme *sin*(x) und *cos*(x) durch *sinh*(x) und *cosh*(x) und nehmen die erforderlichen mathematischen Anpassungen vor, weil der Unterschied, wie wir gesehen haben, nicht nur kosmetischer Art ist. Wir müssen das Vorzeichen jedes Terms ändern, der das Produkt von zwei hyperbolischen Sinussen enthält.

Diese einfache Regel gestattet uns, Beziehungen für die hyperbolische Trigonometrie zu erhalten, die zu ihren euklidischen Versionen analog sind:

$$sinh(x+y) = sinh(x)\ cosh(y) + cosh(x)\, sinh(y),$$
$$sinh(x-y) = sinh(x)\ cosh(y) - cosh(x)\, sinh(y),$$
$$cosh(x+y) = cosh(x)\ cosh(y) + sinh(x)\, sinh(y),$$
$$cosh(x-y) = cosh(x)\ cosh(y) - sinh(x)\, sinh(y).$$

Klassische und hyperbolische Trigonometrie

Wie wir gesehen haben, ist die traditionelle Geometrie, wie sie an Schulen gelehrt wird, nicht völlig unterschiedlich zur hyperbolischen Variante. Beide zeigen ähnliche Beziehungen. Der nachfolgende Ausdruck enthält Elemente aus beiden Trigonometrien.

Betrachten wir ein Beispiel mit den Winkeln A, B und C und den Seiten a, b und c, wie in der vorigen Abbildung:

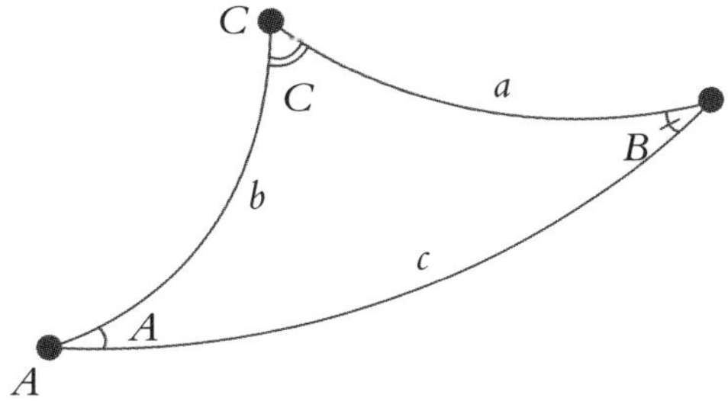

Hier gelten die folgenden Identitäten:

1) Das hyperbolische Gesetz des Winkel-Kosinus:

$$cos(A) = cos(B)\ cos(C) + sin(B)\, sin(C)\ cosh(a).$$

2) Das hyperbolische Gesetz des Kosinus für Seiten:

$$cos(a) = cosh(b)\ cosh(c) - sinh(b)\, sinh(c)\ cos(A).$$

3) $cos(A) = cosh(a)\, sin(B)$.

4) $\frac{\beta}{2} = \alpha$.

Die obigen Ausdrücke sind gültig, wenn wir *a, b, c* durch *b, c, a* und *A, B, C* durch *B, C, A* ersetzen. Diesen Prozess bezeichnen wir als zirkuläre Permutation. Auf diese Weise können wir eine ganze Tabelle mit Beziehungen zwischen traditionellen und hyperbolischen Trigonometrien erstellen.

Kapitel 6

Beiträge zur elliptischen Geometrie

Der Deutsche Bernhard Riemann hat sich einen großen Namen in der Geschichte der Mathematik gemacht. Die elliptische Geometrie ist das geistige Produkt des erstaunlichen mathematischen Genies Riemanns. Der Deutsche stellte sich gerade Linien auf Oberflächen wie Rugby-Bällen oder Fußbällen vor und erkannte, dass sie Kreise darstellen.

Die dritte Geometrie

Die Oberfläche eines Ellipsoids ist der am häufigsten verwendete Körper für die Visualisierung und die Interpretation der elliptischen Geometrie – daher auch der Begriff „elliptische Geometrie“. Um so genau wie möglich zu demonstrieren, wie sich diese Geometrie verhält, betrachten wir die Darstellung auf der Oberfläche einer Kugel, was der einfachste Sonderfall eines Ellipsoids ist. Er kann verwendet werden, um diese Geometrie auf sehr interessante und zufriedenstellende Weise darzustellen. Jetzt betrachten wir die Oberfläche eines Ellipsoids genauer.

ELLIPSE

Eine Ellipse ist eine Kurve, für die gilt, dass an jedem Punkt ihres Umfangs die Summe der Abstände zu zwei Punkten innerhalb der Ellipse (die sogenannten Fokuspunkte) ein konstanter Wert ist.

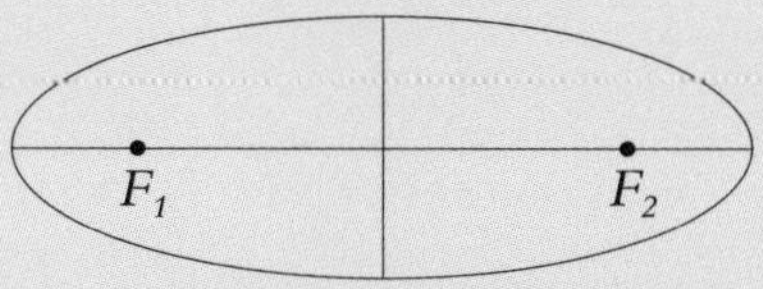

Der Kreis ist ein Sonderfall der Ellipse und ergibt sich, wenn beide Fokuspunkte überlagert sind.

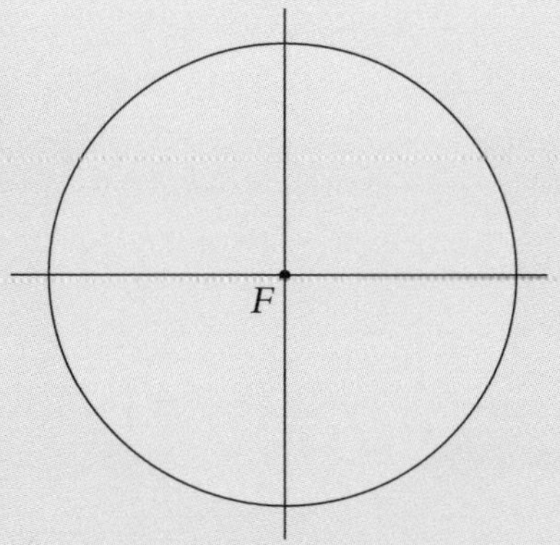

Man erhält ein Ellipsoid, indem man eine Ellipse um eine ihrer Symmetrieachsen dreht. Eine 3D-Darstellung eines Ellipsoids erinnert an eine Orange, eine Zitrone.

Um das folgende Beispiel zu verstehen, müssen wir einen kleinen Gedankensprung machen und uns Gulliver vorstellen, wie er durch das Land der Liliputaner reist. Stellen Sie sich vor, diese Wesen bewohnen einen Teil des Ellipsoids, und sie müssen Messungen mit einem Winkelmesser vornehmen.

Auf der Oberfläche des Ellipsoids haben wir ein Dreieck gezeichnet, dessen Ecken die Punkte *A*, *B* und *C* sind. Stellen Sie sich vor, die beiden Innenwinkel unten im Dreieck betragen jeweils 90°, gemessen von den Liliputanern, die sich mit ihrem riesigen Winkelmesser über die Oberfläche des Ellipsoids bewegen. Wir

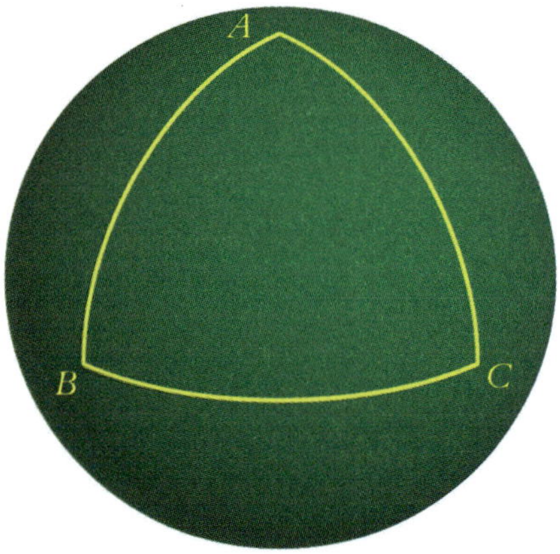

können uns den oberen Winkel als sehr klein vorstellen – wir müssen den Wert nicht in Grad kennen, weil wir wissen, dass die Winkelsumme in einem Dreieck, das auf die Oberfläche des Ellipsoids gezeichnet ist, größer als 180° ist. Dies widerspricht einem der grundlegenden Theoreme der euklidischen Geometrie: Die Winkelsumme in einem Dreieck ist dort immer 180°. Das von der elliptischen Geometrie eingerichtete Axiom verhält sich ganz anders: Auf einem Ellipsoid ist die Winkelsumme in einem Dreieck, das auf seine Oberfläche gezeichnet ist, immer größer als 180°.

In der elliptischen Geometrie ist es nicht möglich, eine Linie parallel zu einer vorgegebenen Linie zu zeichnen. Aus diesem Grund können wir sagen, dass die elliptische Geometrie eine Ablehnung des fünften Postulats von Euklid beinhaltet, das durch ein anderes Postulat ersetzt wird:

> „Durch einen Punkt außerhalb einer vorgegebenen geraden Linie verläuft keine parallele Linie.“

Die sphärische Geometrie ist ein Sonderfall der Geometrie, die auf der Oberfläche eines Ellipsoids konstruiert wird. Das ist ganz einfach und intuitiv und gestattet uns, die Ergebnisse von Riemann ganz einfach zu visualisieren. Aus diesem Grund wollen wir hier ein Modell der elliptischen Geometrie betrachten.

Terminologie der sphärischen Geometrie

Eine Kugel ist eine Oberfläche, die erzeugt wird, indem ein Kreis um seinen Durchmesser gedreht wird. Eine Ebene, die die Kugel nicht schneidet, wird als externe Ebene zur Kugel bezeichnet. Wenn eine Ebene die Kugel nur an einem Punkt schneidet, ist sie tangential zur Kugel. Schneidet sie die Kugel andernfalls in Kreisen an der äußeren Oberfläche, wird sie als Sekantenebene bezeichnet. Wenn diese Sekantenebene den Mittelpunkt der Kugel durchläuft, ist der dadurch erzeugte Kreis ein großer Kreis.

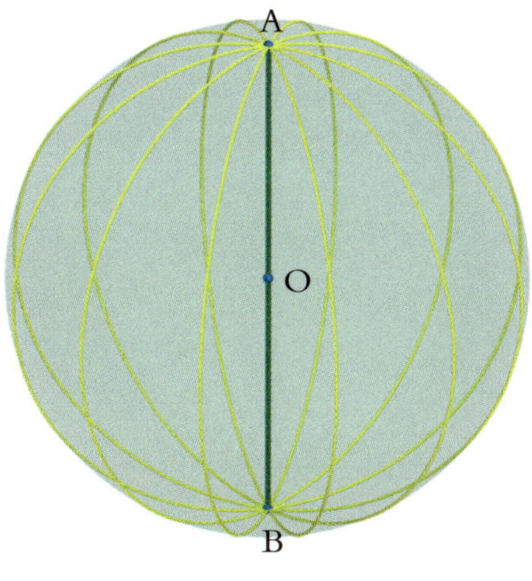

Betrachten wir zwei Punkte *A* und *B*, sodass das Segment, das sie verbindet, durch den Mittelpunkt der Kugel *O* verläuft – diese beiden Punkte werden als diametral entgegengesetzt bezeichnet. In diesem Fall werden die großen Kreise, die den Durchmesser *AOB* durchlaufen, als Meridiane bezeichnet, und die Punkte *A* und *B* sind die Pole. Für jedes Punktepaar *A* und *B* mit dieser Eigenschaft gibt es einen einzigen großen Kreis, der senkrecht zum Durchmesser *AOB* ist, auch als *Äquator der Pole A* und *B* bezeichnet.

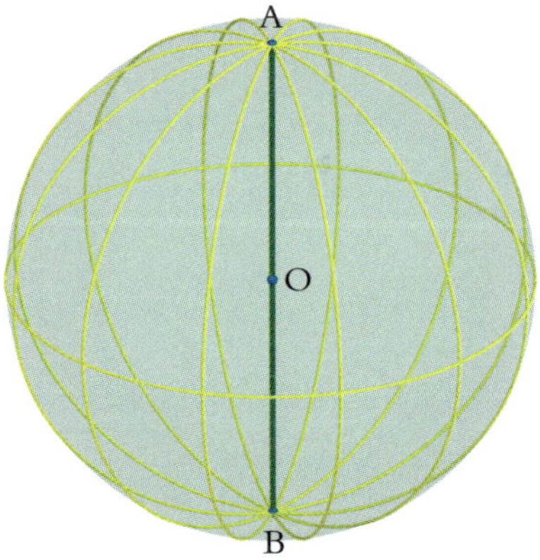

Die Senkrechten auf dem Äquator, die Meridiane, können leicht visualisiert werden. Sie brauchen sich nur eine geschälte Mandarine vorzustellen. Die Linien, die die Segmente teilen, sind parallele Linien, die sich an den Polen schneiden.

Beachten Sie, dass zwei große Kreise die Oberfläche der Kugel in vier Teile unterteilen.

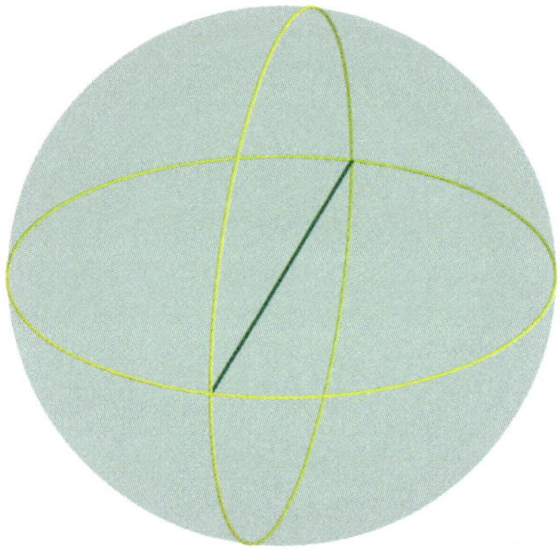

Drei große Kreise, die sich in keinem Punkt schneiden, kennzeichnen acht Bereiche auf der Oberfläche der Kugel, auch als sphärische Dreiecke bezeichnet.

Ein sphärisches Dreieck kann auch als der Teil der Oberfläche einer Kugel definiert werden, der sich aus dem Schnitt eines Dreiflachs bzw. Dreibeins und der Oberfläche der Kugel ergibt. Die Bögen auf der Kugel, die durch die Kanten *A*, *B* und *C* begrenzt werden, werden als „Dreiecksseiten“ bezeichnet.

Die äußere Oberfläche einer Mandarinenspalte enthält zwei Meridiane.

DREIECKE UND DREIBEINE

Allgemein ausgedrückt, ist ein sphärisches Dreieck der Teil der Oberfläche eines Kreises, der durch die drei großen Kreise begrenzt ist. Heißen die Kanten dieser Kreise *A*, *B* und *C*, ergibt sich die durch *A*, *B* und *C* sowie den Mittelpunkt des Kreises (*O*) definierte Form als Dreibein oder Dreiflach.

Wir können also die folgende Figur wie folgt beschriften: Seite *BC* wird als *a* bezeichnet, Seite *AC* als *b* und Seite *AB* als *c*. Die Buchstaben *A*, *B* und *C* werden häufig verwendet, um die Werte der Innenwinkel eines sphärischen Dreiecks zu bezeichnen.

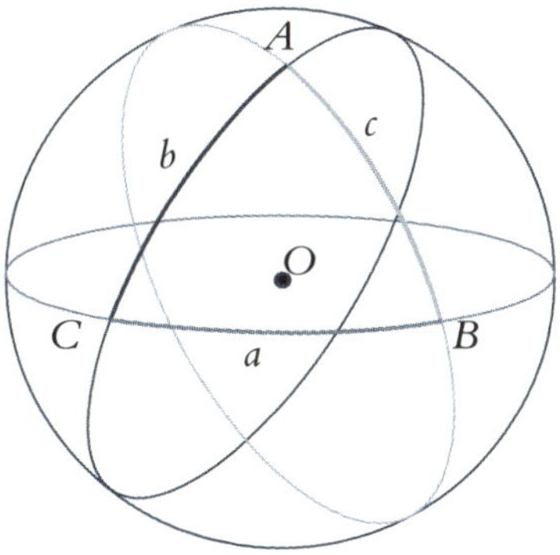

Betrachten wir ein Beispiel für die Berechnungen einer Kugel. Wir verwenden die Erde als unser Modell. Es gibt mehrere praktische Formeln für die Vermessung einer Kugel. Wir beginnen mit *R*, dem Radius der Erde:

$$\text{Volumen} = \frac{4\pi R^3}{3}, \quad \text{Oberfläche} = 4\pi R^2.$$

Wenn der Radius der Erde ca. 6.350 km beträgt, können wir ihre Gesamtoberfläche berechnen.

$$\text{Oberfläche} \simeq 4\pi \times 6\,350^2 \simeq 506\,692\,535 \text{ km}^2 \simeq 5{,}06 \times 10^8 \text{ km}^2.$$

GRAD UND RADIANTEN

Ein Radiant ist der Innenwinkel eines Kreises, definiert durch eine Bogenlänge, die gleich dem Radius dieses Kreises ist. Sein Wert beträgt ca. 57 Grad, 17 Minuten und 44 Sekunden. Der Radiant (häufig als *rad* abgekürzt) wird als Maßeinheit in sogenannten „Kreismessungen von Winkeln" verwendet. Wenn das Kreismaß eines Winkels *a* Radianten beträgt, ist der Winkel $\frac{a \times 180°}{\pi}$, und ein Winkel $G°$ wiederum hat ein Kreismaß von $\frac{\pi G}{180}$. Das bedeutet, ein Kreismaß von 360° entspricht 2π Radianten. Diese Berechnung wird im Allgemeinen wie folgt ausgeführt: Wenn π rad = 180° ist, dann sind *R* Radianten *G*°, wir erhalten also $\frac{\pi}{180} = \frac{R}{G}$. Wie viele Radianten sind beispielsweise 30°?

Durch Einsetzen in die Formel erhalten wir $\frac{\pi}{180} = \frac{R}{30}$. Lösen wir nach R auf, erhalten wir

$$R = \frac{30\pi}{180} = \frac{\pi}{6} \text{ rad.}$$

Diese Berechnung können wir auch in der umgekehrten Richtung ausführen. Wie viele Grad sind $\frac{\pi}{4}$ Radianten?

Anhand der Formel erhalten wir $\frac{\pi}{180} = \frac{\frac{\pi}{4}}{G}$. Lösen wir nach *G* auf, erhalten wir $G = \frac{180\frac{\pi}{4}}{\pi} = 45°$.

Um jetzt das Volumen zu berechnen, wenden wir die zugehörige Formel an und erhalten:

$$\text{Volumen} = \frac{4\pi \times 6\,350^3}{3} \simeq 1{,}07 \times 10^{12} \text{ km}^3.$$

Mit diesen Ergebnissen können wir die Fläche eines Oktanten berechnen, der Region, die durch ein Achtel der Erdoberfläche begrenzt wird. Dazu dividieren wir einfach den Wert für die Erdoberfläche durch 8. Wir erhalten 63.366.566,88 km².

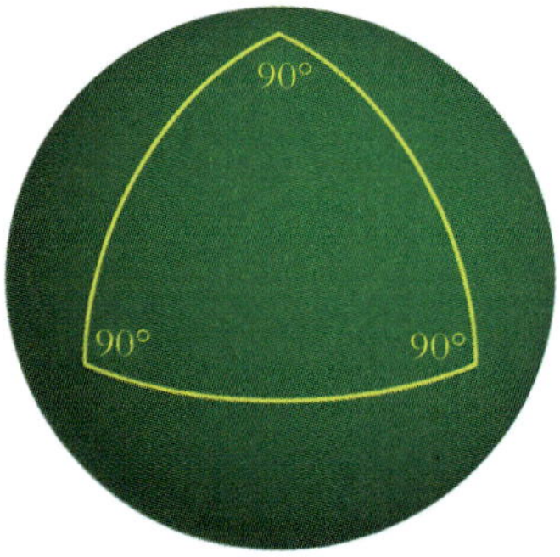

Wie zu erkennen ist, kennzeichnet jeder Oktant ein sphärisches Dreieck mit Winkeln von 90° = $\pi/2$ Radianten. Beachten Sie, dass die Summe gleich 270° = $3\pi/2$ Radianten beträgt (d. h. mehr als 180° = π Radianten). Wie groß ist also der Wert jeder Seite?

Jede Seite kann als Bogen eines großen Kreises betrachtet werden, unter Verwendung der Formel für die Bogenlänge erhalten wir also:

$$\alpha R = \frac{\pi}{2} \times 6\,350 = 10\,000 \text{ km}.$$

Dieses Ergebnis können wir auch erzielen, indem wir die Länge eines großen Kreises berechnen und diese dann durch 4 dividieren – Sie wissen, dass der Umfang eines Kreises $2\pi R$ ist. Wir erhalten also:

$$\frac{2\pi \times 6\,350}{4} \approx 10\,000 \text{ km}$$

Dasselbe Verfahren könnten wir selbstverständlich auch für den Mond ausführen, dessen Radius gleich 1.736 km ist.

LÄNGE DES BOGENS EINES KREISSEGMENTS

Im Segment eines Kreises mit dem Mittelpunkt *O* und dem Radius *r*, wie in der Abbildung gezeigt, ist α der Winkel, üblicherweise in Radianten ausgedrückt, *c* ist der Bogen zwischen *A* und *B*, und *r* ist der Radius des Kreises.

Der Ausdruck für die Bogenlänge lautet $c = \alpha r$.

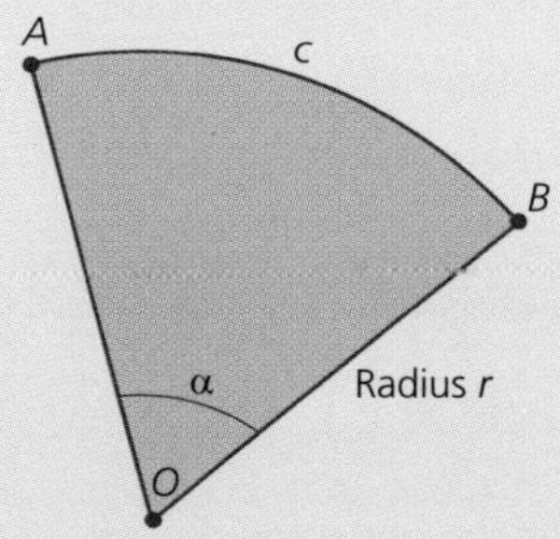

Wenn es um die Länge einer Seite eines sphärischen Dreiecks geht, verwenden wir in der Regel Winkelmaßeinheiten, weil wir dann offensichtlich für die Ermittlung der Länge nur mit dem Radius multiplizieren müssen.

Zurück zu unserer allgemeinen Diskussion. Eine geodätische Kurve ist die kürzeste Linie, die zwei Punkte auf einer Oberfläche verbindet, und die selbst in dieser Oberfläche enthalten ist. Beachten Sie, dass die geodätische Linie auf einer völlig flachen, d. h. euklidischen Oberfläche ein Segment ist. Zwischen zwei Punkten A und B auf einer sphärischen Oberfläche ist von allen Kreisen, die diese Punkte durchlaufen und sich auf der Kugel befinden, derjenige, der die kürzeste Distanz zwischen A und B darstellt – die geodätische Linie –, ein großer Kreis. Das bedeutet, die geodätische Linie ist der Teil der Kurve zwischen A und B, den man durch den Schnitt der Kugel mit der Ebene AOB erhält. Aus diesem Grund ist die geodätische Linie zwischen A und B der kleinste der Bögen des großen Kreises, der A und B verbindet. Beachten Sie, dass dieser Kreis nur dann eindeutig ist, wenn A und B nicht diametral entgegengesetzt liegen.

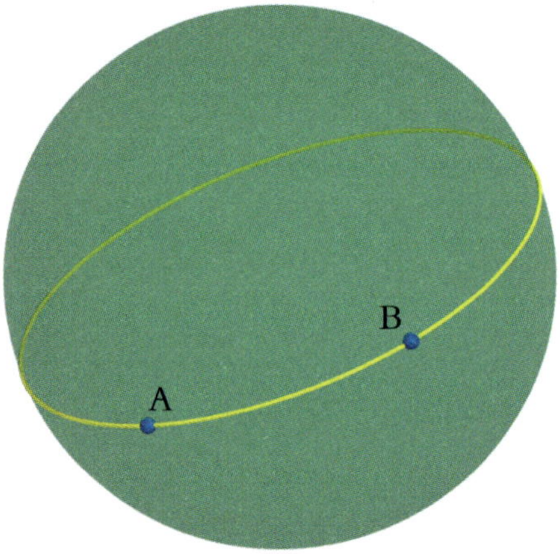

In der auf eine Kugel projizierten Geometrie wird das Konzept der geraden Linie aus der euklidischen Geometrie in das des großen Kreises umgewandelt. Aus diesem Grund ist es nicht mehr möglich, parallele Linien zu erhalten, weil sich auf der Kugel große Kreise immer an diametral gegenüberliegenden Punkten schneiden. Sehen Sie sich einfach eine geschälte Orange an, um dies zu überprüfen.

DIE ERDOBERFLÄCHE

Ist der kürzeste Weg zwischen zwei europäischen Hauptstädten, beispielsweise London und Paris, eindeutig? Die Antwort auf diese Frage lautet: Ja! Es gibt nur eine geodätische Linie, die die beiden Städte verbindet. Ist auch der kürzeste Weg zwischen dem Nord- und dem Südpol ebenso einmalig? Die Antwort? Nein! Es gibt unendlich viele geodätische Linien, die die Pole miteinander verbinden, weil sie genau gegenüberliegen.

Eine Welt sphärischer Dreiecke

Die Welt der sphärischen Dreiecke enthält einen Großteil des mathematischen Erbes der elliptischen Geometrie. Aus diesem Grund wollen wir sie genauer betrachten.

Beginnen wir mit dem sphärischen Dreieck in der folgenden Abbildung, mit den Winkeln A, B, C, den Seiten a, b, c und dem Radius R der Kugel.

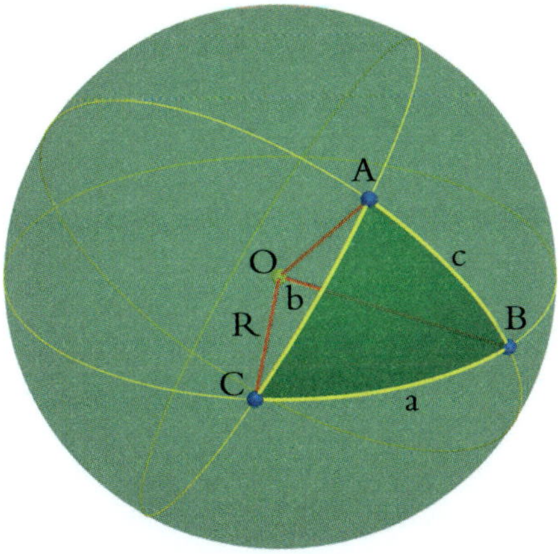

Die Summe der Winkel und Seiten eines sphärischen Dreiecks

Ein Ergebnis, das wir nicht vergessen dürfen, und das bereits zuvor gezeigt wurde, ist, dass die Summe der Winkel eines sphärischen Dreiecks größer als $180° = \pi$ Radianten und kleiner als $360° = 2\pi$ Radianten beträgt. Das bedeutet:

$$\pi < A + B + C < 2\pi.$$

Wir können also sagen, die Summe der Seiten eines sphärischen Dreiecks erfüllt die folgende Ungleichung:

$$a + b + c < 2\pi R.$$

Die Fläche eines Dreiecks

Der Betrag $(A + B + C - 180°)$ wird als Überschuss bezeichnet. Die Fläche eines sphärischen Dreiecks (Δ) kann also unter Verwendung der folgenden Formel ermittelt werden:

$$\text{Fläche eines sphärischen Dreiecks} = \left(\frac{A + B + C - 180°}{180°}\right)\pi R^2.$$

Dabei ist R der Radius der Kugel.

Man muss betonen, dass die Summe der Winkel umso größer ist, je größer die Fläche eines Dreiecks ist. Wenn außerdem die Fläche groß ist, ist der Überschuss groß, und somit sind auch $A + B + C$ groß.

Längen von Kreislinien

Ein Ergebnis aus der euklidischen Geometrie besagt, dass für jeden Kreis mit einem Radius r die Länge des Umfangs gleich $2\pi r$ ist. Übersetzen wir dies in die ellipti-

FLÄCHE EINES TERRESTRISCHEN SPHÄRISCHEN DREIECKS

Betrachten wir die folgende Frage: Wie groß muss die Fläche eines sphärischen Dreiecks auf der Erde sein, damit die Summe seiner Winkel 180° um mindestens 1° überschreitet? Unter Verwendung des Ausdrucks für ein sphärisches Dreieck erhalten wir:

$$A+B+C = 180° + \frac{180°}{\pi R^2}.$$

Wir suchen den Wert von Δ, sodass gilt:

$$A+B+C = 180° + \frac{180° \times \Delta}{\pi R^2} = 180° + 1.$$

Damit ist:

$$\frac{180° \times \Delta}{\pi R^2} = 1.$$

Wenn wir nach Δ auflösen und für R 6.350 km einsetzen, erhalten wir:

$$\Delta = \frac{\pi R^2}{180°} = \frac{\pi \times 6\,350^2}{180°}$$
$$\approx 700\,000 \text{ km}^2.$$

Damit überschreitet jedes Dreieck auf der Erde mit einer Fläche größer oder gleich 703.739,6319 km² den Normalwinkel um mindestens 1°.

sche Geometrie, erhalten wir: Für jeden Kreis mit dem Radius r ist die Länge des Umfangs größer als 2πr.

Sinus- und Kosinus-Gesetze

In der sphärischen Geometrie haben die Sinus- und Kosinus-Regeln die folgende Form:

$$\frac{sin(a)}{sin(A)} = \frac{sin(b)}{sin(B)} = \frac{sin(c)}{sin(C)};\ cos(a) = cos(b)\ cos(c) + sin(b) sin(c)\ cos(A).$$

Die Kosinus-Regel unterliegt der zirkulären Permutation (*a* wird zu *b*, *b* zu *c* und *c* zu *a*).

Der Satz des Pythagoras

Ein weiteres Mal stellen wir die Bedeutung von Pythagoras und seines Satzes aus der euklidischen Geometrie in anderen Manifestationen des geometrischen Raums fest. Der Satz des Pythagoras kann auf die sphärische Geometrie angewandt werden, wo er sich etwas anders verhält. Der klassische Satz wird in dieser Geometrie wie folgt ausgedrückt: Wenn *R* der Radius einer Kugel ist, ist *c* die Hypotenuse und *a* und *b* sind die beiden anderen Seiten. *C* ist der rechte Winkel, der für das Postulat von Pythagoras erforderlich ist:

$$cos\left(\frac{c}{R}\right) = cos\left(\frac{a}{R}\right) cos\left(\frac{b}{R}\right).$$

Der Klarheit halber kann diese Aussage auch verbal ausgedrückt werden, was für diese vertraute Beziehung ganz üblich ist. Das Ergebnis erinnert jedoch überhaupt nicht mehr an die Originalversion von Pythagoras, aber wir zeigen es trotzdem:

> „In einem rechtwinkligen Dreieck auf der Oberfläche einer Kugel mit dem Radius *R* ist der Kosinus des Quotienten der Hypotenuse *c* und des Radius *R* gleich dem Produkt aus den Kosinussen der Quotienten aus den anderen Seiten und dem Radius."

Die folgende Tabelle vergleicht die typischen mathematischen Merkmale der traditionellen und der sphärischen Geometrie – der einfachsten Form der elliptischen Geometrie.

Euklidische Geometrie	Sphärische Geometrie
Eine gerade Linie ist der kürzeste Weg zwischen zwei Punkten.	Die geodätische Linie ist die kürzeste Linie zwischen zwei Punkten.
Gerade Linien sind unendlich. Der Abstand zwischen zwei Punkten ist nicht begrenzt.	Eine geodätische Linie hat eine maximale endliche Länge von πR. Der maximale Abstand zwischen zwei Punkten ist πR.
Es gibt eine einzige gerade Linie, die zwei Punkte verbindet.	Die geodätische Linie ist eindeutig wenn die beiden Punkte sich nicht geometrisch gegenüberliegen, andernfalls gibt es unendlich viele Linien.
Es gibt Linien, die keine gemeinsamen Punkte haben, die als parallele Linien bezeichnet werden.	Gerade Linien sind große Kreise, und sie schneiden sich immer. Es gibt keine Parallelität im euklidischen Sinne.
Zwei senkrecht aufeinander stehende Linien bilden vier rechte Winkel.	Zwei senkrecht aufeinander stehende geodätische Linien bilden acht rechte Winkel.
Ein Dreieck hat mindestens einen rechten Winkel.	Ein sphärisches Dreieck kann keinen, einen, zwei oder sogar drei rechte Winkel haben.

Kapitel 7

Geometrie der Erde

Die Geometrie der Erde bringt zwei klassische Probleme mit sich. Zur Lösung trug der berühmte Mathematiker und Lehrer George Pólya (1887-1985) bei. Das erste Problem ist das lustig klingende Polarbärproblem.

> „Ein tapferer Jäger verlässt sein Lager und geht einen Kilometer nach Süden. Dann biegt er ab und geht einen Kilometer nach Osten. Hier sieht er einen Bären, nimmt sein Gewehr zur Hand und schießt. Erfreut über seine Beute geht der Jäger nach Norden, und nach genau einem weiteren Kilometer gelangt er zurück zu seinem Ausgangspunkt. Welche Farbe hatte der Bär?"

Der Weg des Jägers beschreibt einen Bogen eines Meridians, wenn er nach Norden oder Süden geht, und einen Bogen eines Breitengrads (parallel zum Äquator), wenn er nach Osten geht.

Wenn der Jäger auf einem anderen Meridian zu seinem Ausgangspunkt zurückgelangt als auf dem, auf dem er anfänglich gegangen ist, muss sein Ausgangspunkt

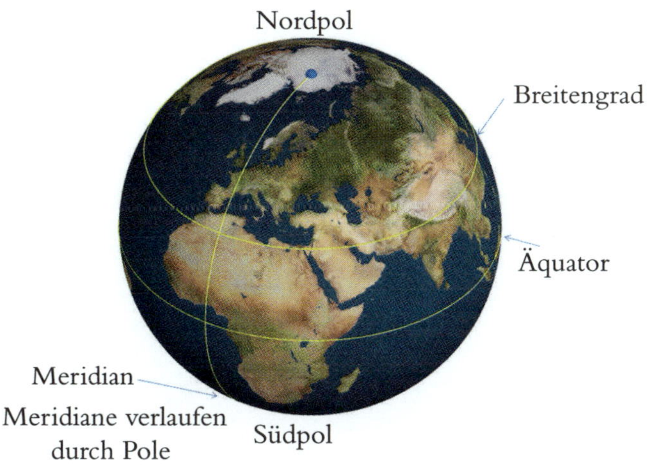

der Nordpol sein. Andernfalls wäre er, wenn er einen vollständigen Breitengrad oder zwei oder drei entlanggegangen wäre, an einem Punkt in der Nähe des Südpols. In jedem Fall war der Bär weiß. Ein Bär, der einen Kilometer vom Nordpol entfernt angetroffen wird, kann nur weiß sein. Das andere Pólya-Problem ist nicht so bekannt, aber genauso interessant. Man spricht auch von Roberts Problem.

> „Robert will ein Stück Land kaufen, das vollständig eben ist und durch vier präzise gerade Linien begrenzt ist. Zwei dieser Linien sollen in Nord-Süd-, die beiden anderen in Ost-West-Richtung liegen. Jede davon soll genau 1.000 Meter lang sein. Kann Robert dieses Stück Land in Mexiko finden?"

Die Schlussfolgerung für dieses Problem ist dieselbe wie zuvor. Das Land, das Robert kaufen will, ist durch zwei Meridiane und zwei Breitengrade begrenzt. Stellen Sie sich zwei feste Meridiane vor und einen Breitengrad, der sich vom Äquator wegbewegt. Der Bogen dieses beweglichen Breitengrads, der durch die beiden festen Meridiane geschnitten wird, schrumpft ganz maßgeblich. Den Mittelpunkt eines Grundstücks mit diesen Eigenschaften findet man nur auf dem Äquator. Ein Blick in den Atlas zeigt schnell, dass Robert das gesuchte Grundstück nicht in Mexiko findet, weil dieses Land vollständig innerhalb der nördlichen Hemisphäre liegt.

Breitengrade und Meridiane

Von Pythagoras bis zum GPS (Global Positioning System) gab es ein Positionierungssystem, basierend auf den Konzepten von Länge und Breite, das die ungefähren Positionen auf der Erdoberfläche (oder einer anderen Kugel) angibt.

Die großen Kreise, die die Pole durchlaufen, heißen Meridiane, und die Linien senkrecht auf ihnen sind die Breitengrade. Wie bereits erklärt, erinnert die Erde an eine Orange, wobei die Verbindungen zwischen den Segmenten die Meridiane sind, und die Punkte, an denen sie sich schneiden, die Süd- und Nordpole. Der einzige große Kreis unter den Breitengraden ist der

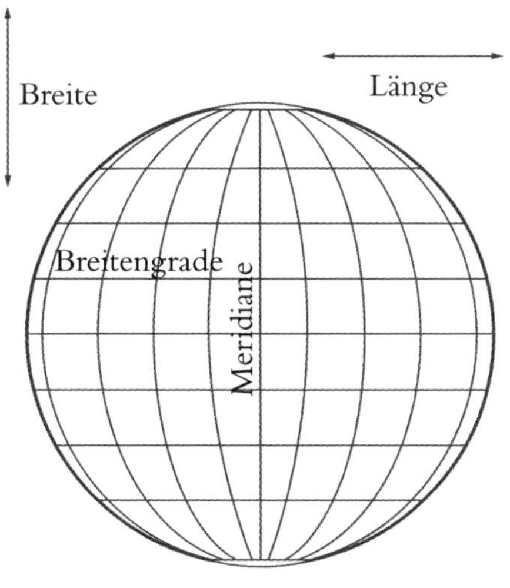

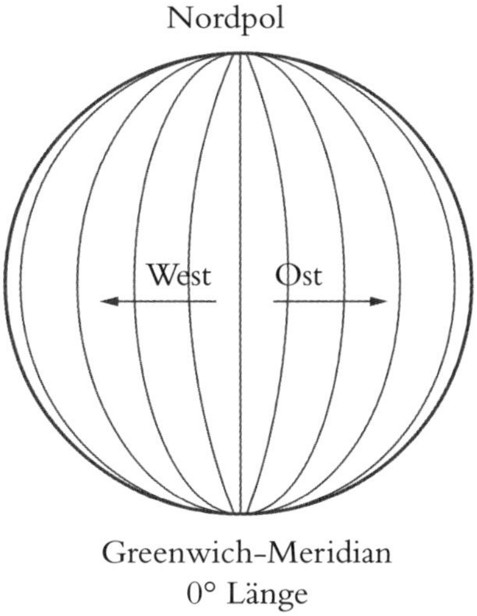

Äquator, der die Erde in zwei gleiche Hemisphären unterteilt. Der Null-Meridian ist der Meridian, der Greenwich (England) durchläuft.

Die Breite ist der Abstand zum Nord- oder Südpol, abhängig davon, auf welcher Hemisphäre Sie sich befinden. Sie wird vom Äquator in Grad gemessen. Die Länge ist die östliche oder westliche Distanz, d. h. nach rechts oder links vom Null- oder Greenwich-Meridian aus. Sie wird ebenfalls in Grad gemessen. Alle Punkte auf demselben Breitengrad haben dieselbe Breite.

Nach all diesen Informationen taucht sofort eine Frage auf. Wenn mit diesem System auf der Erdoberfläche Punkte gefunden und Richtungen eingerichtet werden sollen, warum werden dann Länge und Breite in Grad gemessen, und nicht in Kilometern?

Erstens, die Oberfläche, für die die Berechnungen stattfinden, ist eine Kugel. Um einen Punkt darauf zu finden, braucht man nur zwei Koordinaten, weil eine Kugel zwar gekrümmt ist, es aber keine dritte Dimension gibt. Es handelt sich um eine zweidimensionale Oberfläche.

Diese Aussage muss genauer erklärt werden. Stellen Sie sich einen Kreis vor, der in 360° unterteilt ist. Wenn zwei senkrechte Linien durch den Mittelpunkt gezeichnet werden, erhält man vier Regionen (Quadranten) mit je 90° – auch als Kreissektoren bezeichnet. Kleinere Sektoren können konstruiert werden, indem gerade Linien hinzugefügt werden, die den Mittelpunkt durchlaufen. Sie sind durch ihr Winkelmaß charakterisiert, d. h. jedem Punkt auf dem Umfang kann eine Winkelmessung zugeordnet werden.

GEOMETRISCHE BEREICHE DER ERDE

Die Erde kann in unzählige Scheiben zerschnitten werden, deren Wert jeweils in Grad ausgedrückt wird. Ein Teil dieser Abschnitte wird für die Navigation und die Meteorologie verwendet, deshalb haben sie auch spezifische Namen erhalten. Die bekanntesten sind die Polarkreise und die Wendekreise, ebenso wie der Äquator.

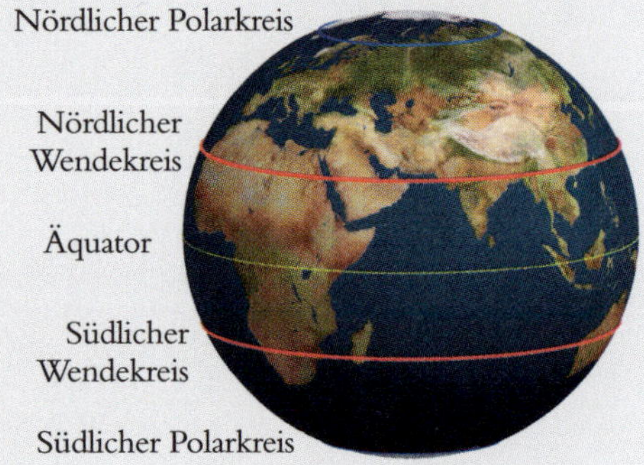

Stellen Sie sich jetzt statt eines Kreises eine Kugel vor, wie beispielsweise die Erde. Wenn sie von einem Pol zum anderen in zwei Teile unterteilt wird, können wir Winkel auf dieselbe Weise wie für den Kreis anwenden. Damit ist es möglich, jede Position eines Punkts unter der Angabe von zwei Winkelwerten zu spezifizieren: Länge und Breite.

Winkel werden östlich (nach rechts) und westlich (nach links) vom 0°-Meridian gemessen, bis der diametral gegenüberliegende Meridian erreicht ist. Die Länge hat also Werte von bis zu 180°, d. h. die Hälfte von 360°, oder äquivalent 90° + 90°. Den Äquator und den Greenwich-Meridian kann man sich als die Koordinatenachsen vorstellen.

Die Breite wird von 0 bis 90° gemessen und immer als Nord oder Süd angegeben.

ZWEI ENDEN DER ERDE

New York und Sydney sind keine präzisen Antipoden, d. h. diametral entgegengesetzte Orte auf der Oberfläche unseres Planeten, aber natürlich sind sie sehr weit voneinander entfernt. Ihre Längen- und Breitenkoordinaten würden dies jedoch nicht erkennen lassen.

Land	Stadt	Breite	Länge
USA	New York	40°47′ N	73°58′ W
Australien	Sydney	33°13′ S	151°42′ O

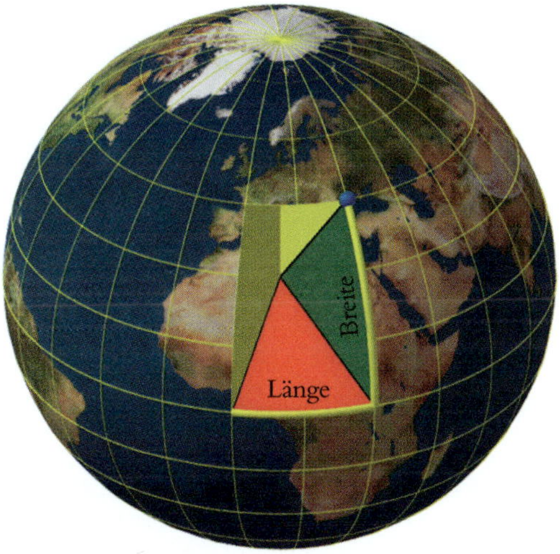

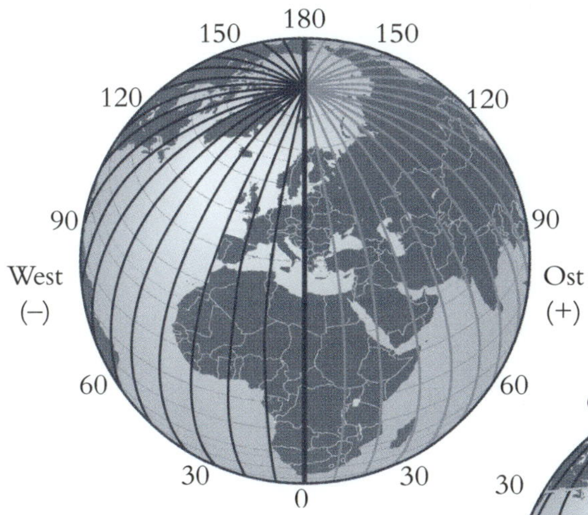

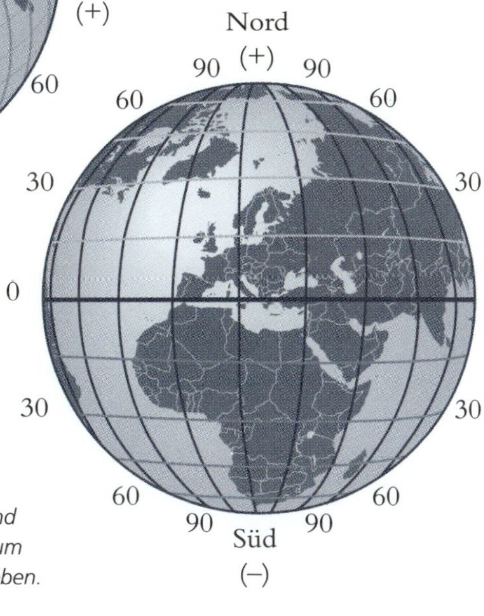

Die Erdkugel, dargestellt mit ihren Meridianen und Breitengraden. Diese Linien werden verwendet, um eindeutige Positionen auf der Oberfläche anzugeben.

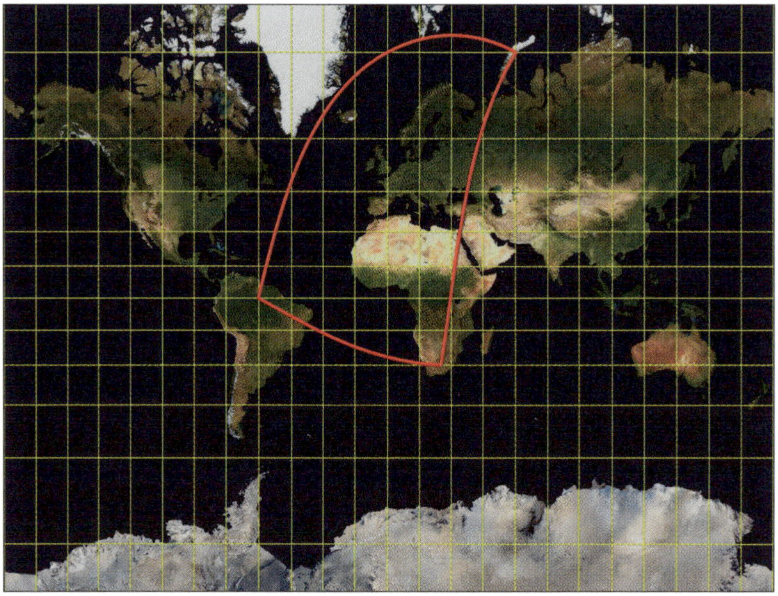

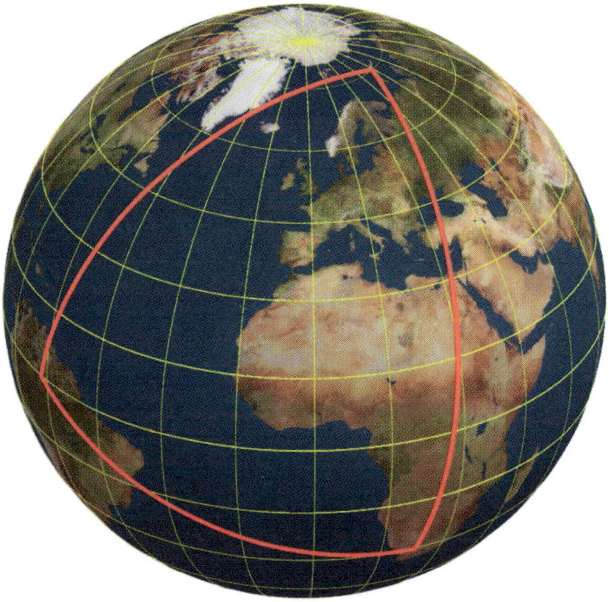

Drei Punkte an unterschiedlichen Breiten und Längen, dargestellt in zwei unterschiedlichen Projektionen der Erde. Wenn wir sie in einer Ebenenprojektion (oben) darstellen, erhalten wir ein konventionelles Dreieck, in einer sphärischen Projektion (unten) dagegen erhalten wir ein sphärisches Dreieck.

Von der Mappa Mundi zu Google™ Earth

Der traditionelle Globus, den man heute in vielen Klassenzimmern sieht, ist eine Kugel mit Rasterlinien, die die Meridiane und Breitengrade des Planeten darstellen. Häufig gibt es in den Klassenzimmern auch eine Weltkarte in ebener Variante, mit Unterteilungen, die an eine kartesische Ebene erinnern.

Die Länge wird durch vertikale Unterteilungen angezeigt. Die westliche Länge befindet sich links, die östliche Länge befindet sich rechts.

Analog dazu zeigen die horizontalen Unterteilungen die Breite, die oberen die nördliche, die unteren die südliche. Die Abbildungen auf der gegenüberliegenden Seite zeigen dieselben Regionen der Welt auf unterschiedlichen Kartentypen.

Was ist der kürzeste Abstand zwischen Barcelona und Tokyo?

Auf einer Weltkarte aus Papier sehen wir, dass Barcelona bei etwa 2°O und 41°N liegt, Tokyo bei etwa 140°O und 36°N. Wenn wir ein sphärisches Dreieck mit den Ecken A, B und D (am Nordpol) betrachten, und A Barcelona und B Tokyo ist, kann dieses wie folgt dargestellt werden:

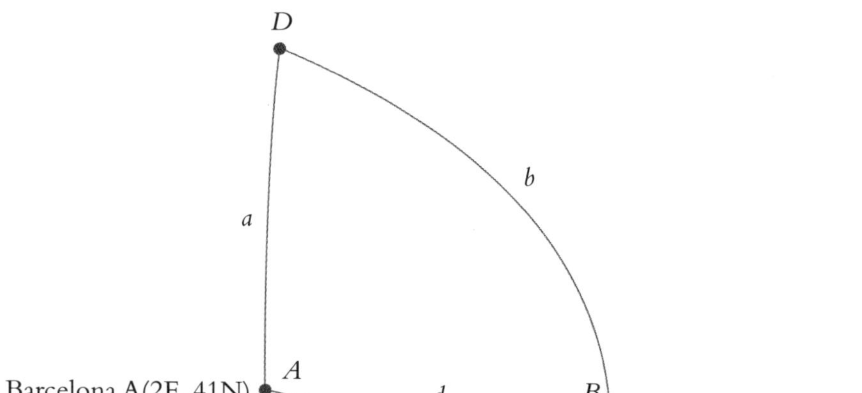

Die geodätische Linie, die Barcelona und Tokyo verbindet, ist als d beschriftet. Der Wert von d ist die Mindestdistanz zwischen beiden Städten. Um sie zu berechnen, verwenden wir die Kosinus-Regel für sphärische Dreiecke:

$$\cos(d) = \cos(a)\cos(b) + \sin(a)\sin(b)\cos(D).$$

Man erkennt, dass wir für die Berechnung von d die Werte für a und b und den Winkel an D kennen müssen. Um die Länge einer Seite eines sphärischen Dreiecks zu berechnen, ist der Äquator die horizontale Achse in einer kartesischen Ebene, und die Breite in Grad der betreffenden Punkte wird von 90° subtrahiert. Für D gehen wir ähnlich vor, verwenden aber jetzt den Greenwich-Meridian als Koordinatenachse:

$$a = 90° - 41° = 49°,$$
$$b = 90° - 36° = 54°,$$
$$D = 140° - 2° = 138°.$$

Setzen wir diese Werte in die Kosinus-Regel ein und geben wir das Ganze in einen Taschenrechner ein, erhalten wir:

$$\cos(d) = \cos(49°)\cos(54°) + \sin(49°)\sin(54°)\cos(138°)$$
$$= 0{,}656059029 \times 0{,}5877852523 + 0{,}7547095802 \times 0{,}809016944 \times (-0{,}7431448255)$$
$$= -0{,}06812225162.$$

Anschließend drücken wir die $\cos^{-1}$-Taste und finden heraus, dass die Distanz d gleich 93,90614266° ist.

Es wäre jedoch sehr viel praktischer, würden wir diese Distanz in Kilometern kennen. Die Länge eines großen Kreises auf der Oberfläche der Erdkugel kann berechnet werden, wenn wir unter Verwendung des Erdradius von 6.350 km die folgende Formel anwenden:

$$2\pi R = 2\pi \times 6\,350 \approx 40\,000 \text{ km}.$$

Wir stellen fest, dass ein ganzer großer Kreis (360°) eine Länge von 39.898,23 km besitzt. Jetzt fragen wir: Wie vielen Kilometern entspricht ein Winkel von 93,90614266°? Sei x der Wert, den wir finden wollen, dann lautet die Berechnung:

$$\frac{360}{40\,000} = \frac{94}{x}.$$

Wenn wir jetzt nach x auflösen, erhalten wir das Ergebnis x = 10.407,11878 km.

Damit beträgt die Distanz zwischen Tokyo und Barcelona ca. 10.400 Kilometer. An diesem Ergebnis ist vielleicht am überraschendsten, dass es ganz einfach unter Verwendung der Koordinaten einer Weltkarte berechnet werden kann.

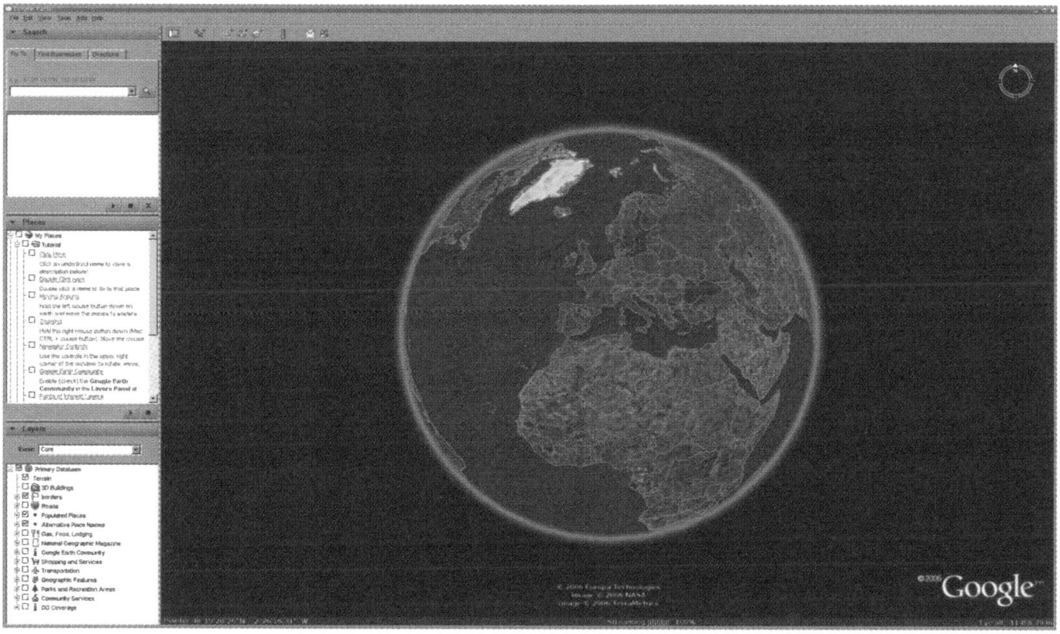

Die Homepage von Google™ Earth stellt eine einfache Möglichkeit dar, sich an jeden beliebigen Punkt des Planeten zu „bewegen“. Hier finden Sie ein hervorragendes Werkzeug, um die Abstände zwischen Punkten auf der Erdoberfläche zu berechnen.

Die moderne Technologie gestattet die Berechnung von Distanzen mit sehr viel größerer Präzision. Programme wie Google™ Earth führen diese Berechnungen sehr schnell und präzise aus. Beispielsweise gibt Google™ Earth die Distanz zwischen Barcelona und Tokyo mit 10.442,62 Kilometern an.

Interessanterweise unterscheiden sich handschriftliche Berechnungen wie die oben gezeigten nicht wesentlich von denjenigen, die von einer speziellen Software durchgeführt werden. Eine Messung, die mit Google™ Earth durchgeführt wird, unterscheidet sich nur um 98 Kilometer von unserem eigenen Ergebnis. Dennoch ermöglichen uns diese Computerprogramme, Distanzen von sehr spezifischen Punkten aus zu berechnen, sogar von einem bestimmten Gebäude in einer bestimmten Straße aus.

Dieser Genauigkeitsgrad ist mit Berechnungen, die auf herkömmlichen Weltkarten auf Papier basieren, unmöglich. Der Einsatz von Computern in verschiedenen Bereichen der Geometrie hat zu einem neuen Fachbereich geführt, der sogenannten *Computergeometrie*.

Wir können diese Reise durch die Geometrie der Erdoberfläche nicht beenden, ohne an die klassische Beschreibung der Kugel von Platon in seinem Dialog *Timaios* oder *Über die Natur* zu erinnern:

> „Dies ist der Grund, warum Gott ein einziges und perfektes Ganzes in all seinen Varianten erschaffen hat, frei von Alter und Krankheit. Nur ihre Form umfasst alle anderen Formen. Aus diesem Grund hat er die Erde in Form einer Kugel erschaffen und alle Punkte auf ihrer Oberfläche mit derselben Entfernung zum Mittelpunkt angeordnet. Sie ist die perfekteste aller Formen, und gleichzeitig die schönste in sich selbst, weil er der Ansicht war, dass die Ähnlichkeit unendlich viel schöner ist als Unähnlichkeit."

Kapitel 8

Geometrie im 21. Jahrhundert

Die Einführung nichteuklidischer räumlicher Systeme hat die Denkweise über die Geometrie revolutioniert. Die alte Disziplin, „Formen zu messen", ist in alle Bereiche der Wissenschaft vorgedrungen. Viele andere Geometrien sind aus der Beobachtung von Objekten und Phänomenen entstanden. In einer Welt zunehmender Komplexität haben die Wissenschaften Schritt gehalten und sind ebenfalls komplexer geworden – und die Geometrie hat den Weg dafür geebnet. Wir wollen jetzt genauer betrachten, wie die Geometrie zu einem radikalen Thema der heutigen Zeit geworden ist – wenn wir auch keinesfalls vollständig sein können.

Integralgeometrie

Ende des 20. Jahrhunderts entstand ein Geometriesystem, das versuchte, den Zufall einzubinden – die Wahrscheinlichkeitstheorie. Diese moderne Geometrie, die sich maßgeblich von derjenigen Euklids unterscheidet, wird als Integralgeometrie bezeichnet und wurde vom Spanier Luis Santaló (1911-2001) ins Leben gerufen, einem passionierten Mathematiker und Lehrer. Nach jahrelangen Forschungen stellte Santaló seine Arbeit als *Integral Geometry and Geometric Probability* (Integralgeometrie und geometrische Wahrscheinlichkeit) vor.

Das Problem, aus dem das Gebiet der Integralgeometrie entstanden ist, wird als „Buffon's Nadel" bezeichnet, veröffentlicht von Georges-Louis Leclerc, dem Comte de Buffon (1707-1788). 1777 veröffentlichte der Comte Band IV seines großartigen Werks *Suppléments à l'"Histoire naturelle"* (Ergänzungen zur „Naturgeschichte"). Er nahm einen Aufsatz mit dem seltsamen Titel *Essai d'Arithmétique Moral* (Aufsatz über die Moralarithmetik) auf. In diesem Dokument versuchte er, die Mathematik auf die Studie der menschlichen Verfassung anzuwenden. Hier das Nadel-Problem:

> „Angenommen, wir haben eine Ebene, die durch horizontale Linien unterteilt wird, die um eine Distanz a voneinander getrennt sind, und wir werfen eine Nadel der Länge l darauf, wobei $l < a$ ist. Wie wahrscheinlich ist es, dass die Nadel auf eine dieser Linien fällt?"

Bei dem Experiment wird eine Nadel der Länge *l* auf ein Stück Papier geworfen, auf das parallele Linien im Abstand von *d* Einheiten gezeichnet wurden. Die Nadel kann eine der parallelen Linien schneiden oder nicht.

BUFFON UND DIE MORALISCHE ARITHMETIK

Der Comte de Buffon auf einem Ölgemälde von Drouais von 1753.

Der Comte de Buffon war ein französischer Intellektueller der Aufklärung. Sein ursprünglicher Name war Georges Louis Leclerc. Er wurde von Ludwig XV. zum Grafen ernannt. Er war ein hervorragender Naturalist, und sein *magnum opus*, *Histoire naturelle*, umfasste 36 Bände. Seine Arbeit brachte ihm ernsthafte Probleme mit der katholischen Kirche ein, weil ein Teil seiner geologischen Forschungen einen Versuch darstellte, das Alter der Erde zu berechnen. Obwohl er völlig falsch lag, war sein Ergebnis weit größer als die 6.000 Jahre, die von der Kirche zur damaligen Zeit angenommen wurden. Er wurde verurteilt und musste seine Theorie zurückziehen, aber im Geheimen arbeitete er weiter daran, seine Berechnung zu verfeinern. Buffon wurde 1734 Mitglied der *Académie des sciences* in Paris.

In seiner Arbeit über „moralische Arithmetik" versuchte der Graf, Gefühle, Hoffnungen und Ängste der Menschheit zu messen. Dazu brauchte er eine quantitative Maßeinheit für Gefühle. Er wählte die Angst vor dem Tod als Standardwert, der positiv oder negativ sein konnte (Hoffnung oder Angst) und dabei einfach das Vorzeichen wechselte.

Spielen betrachtete er als die schädlichste Leidenschaft der Menschen, was ihn dazu führte, das Wesen der Wahrscheinlichkeit zu untersuchen. Nachdem er sich mit der 1713 von Jakob Bernoulli eingeführten Wahrscheinlichkeitstheorie vertraut gemacht hatte, verknüpfte Buffon bald den Zufall mit Zahlen und versuchte dann, seinen Einfluss auf das Verhalten von Menschen zu quantifizieren. Dies bildet die Grundlage für die moralische Arithmetik.

Der Comte de Buffon war der Meinung, die Geometrie sei ein effektives Werkzeug für die Berechnung von Wahrscheinlichkeiten. Er schrieb: „Die Analysis war bisher das einzige Instrument für die Studie der Wahrscheinlichkeit, so als ob die Geometrie nicht für diesen Zweck geeignet wäre. Tatsächlich aber braucht man nur kurz zu überlegen, um zu zeigen, dass der Nutzen der Analysis für die Wahrscheinlichkeit rein zufällig ist, und dass der Zufall für die Geometrie genauso wichtig ist wie für die Analysis. [...] Wir müssen Spiele einführen, die auf dem Wesen und den Beziehungen der Geometrie basieren, damit die Geometrie ihren rechtmäßigen Platz in der Wissenschaft des Zufalls einnehmen kann."

Das Außergewöhnliche an diesem Ergebnis ist, dass es uns gestattet, eine gute Annäherung an die Zahl π zu erhalten, indem wir einfach die Nadel wiederholt auf die Oberfläche werfen. Das Experiment kombiniert Elemente aus der klassischen Geometrie, wie beispielsweise Flächen und Distanzen, mit der Wahrscheinlichkeitstheorie.

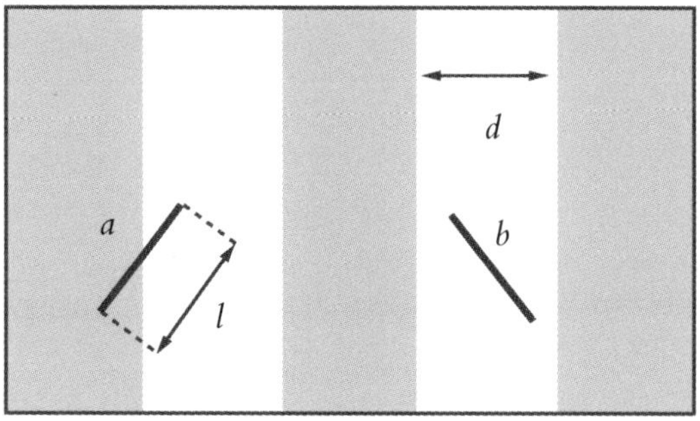

Wir bezeichnen die Wahrscheinlichkeit, dass eine gerade Linie von der Nadel geschnitten wird, als P. Dann erhalten wir

$$P \simeq \frac{\text{Anzahl der geschnittenen Linien}}{\text{Anzahl der Würfe}} = \frac{\nu}{n}.$$

Wenn $l \leq d$ ist, erhalten wir $P = \frac{2l}{\pi d}$, und damit $\pi \simeq \frac{2ln}{\nu d}$.

Buffon bewies die Formel $\pi \simeq \frac{2ln}{\nu d}$ auf eine direkte, aber sehr langwierige Weise.

Die Wahrscheinlichkeit ist eine gute Annäherung an die Häufigkeit, in der ein Ereignis eintritt. In diesem Fall wird sie umso genauer, je mehr die Anzahl der Würfe zunimmt. Das Spiel von Buffon und seiner Nadel wurde 1901 einem ernsthaften Test unterzogen, als Lazaroni eine Nadel 34.080 Mal warf und π = 3,1415929 erhielt. Heute kann diese Übung mit einem Computer ganz schnell durchgeführt werden.

Darüber hinaus schlug das Problem von Buffon die Wahrscheinlichkeit vor, geometrische Objekte zu messen (Längen, Flächen usw.). Dies verweist auf eine Möglichkeit, Konzepte wie die Messung von Mengen von Linien, Ebenen usw. zu formalisieren. Die Integralgeometrie analysiert all diese Konzepte detailliert und arbeitet mit ihnen. Die Integralgeometrie findet zahlreiche Anwendungen in der Biologie und in der Medizin. Beispielsweise ist sie die Grundlage für die Computertomographie. 1979 erhielt der Brite Godfrey Hounsfield den Nobelpreis für Medizin für seine Arbeit zur Entwicklung der computergestützten Axialtomographie (CAT) basierend auf der Integralgeometrie. Darüber hinaus wurde aus der Integralgeometrie eine neue wissenschaftliche Disziplin entwickelt, die Stereologie. Die Stereologie ist eine Methodenmenge für die Betrachtung des dreidimensionalen Raums aus dem Wissen über zweidimensionale Abschnitte oder Ebenenprojektionen. Beispielsweise kann sie uns das präzise Volumen eines Dominosteins oder die genaue Krümmung einer Oberfläche mitteilen. Sie wird ganz allgemein eingesetzt, von der Statistik und Geometrie bis hin zur Medizin und Geologie.

Von Zirkeln zu Computern

Die herkömmlichen Werkzeuge der euklidischen Geometrie sind ein Lineal und ein Zirkel. Sie sind sehr praktisch für die Konstruktion einfacher Formen, wenn wir die Geometrie erlernen. Heute jedoch können komplexere Konstruktionen durchgeführt werden, indem neue Technologien eingesetzt werden.

Die schnelle Weiterentwicklung der digitalen Welt hat es uns ermöglicht, komplexe geometrische Strukturen auf Computern zu erzeugen. Auf Computern können dank neuer Technologien Simulationen ausgeführt werden, die auf manuelle Weise unmöglich wären, schon gar nicht innerhalb einer sinnvollen Zeit. Diese Form der Mathematik wird als Computergeometrie bezeichnet. Sie kombiniert die Mathematik mit der neuesten Technologie. Euklid hatte leider keine Möglichkeit, diese Art der Geometrie zu entwickeln.

In der ersten Hälfte des 20. Jahrhunderts hatte es den Anschein, als verlöre die klassische Geometrie Boden an andere, abstraktere Geometrien. Paradoxerweise sind ihr jedoch genau die neuen Technologien zu Hilfe gekommen. Mit der Computerwissenschaft hat die Geometrie eine neue Richtung eingeschlagen. Heute hören wir häufig Ausdrücke wie 2D-Projektion oder 3D-Vision – was sich natürlich auf die Dimensionen bezieht. Bemerkenswert ist, dass wir alle diese Ausdrücke ganz selbstverständlich verwenden, um zwei euklidische Konzepte auszudrücken: die Ebene (2D) und den Raum (3D).

Mit den digitalen Entwicklungen sind nicht nur neue Disziplinen entstanden, wie beispielsweise die Computergeometrie, sondern es wurden auch andere klassische Themen wieder aufgegriffen, wie die sogenannte diskrete und kombinatorische Geometrie. Ihre Entwicklung ist verwandt: Die Computergeometrie benötigt sehr komplizierte Werkzeuge. Die diskrete und kombinatorische Geometrie benötigt

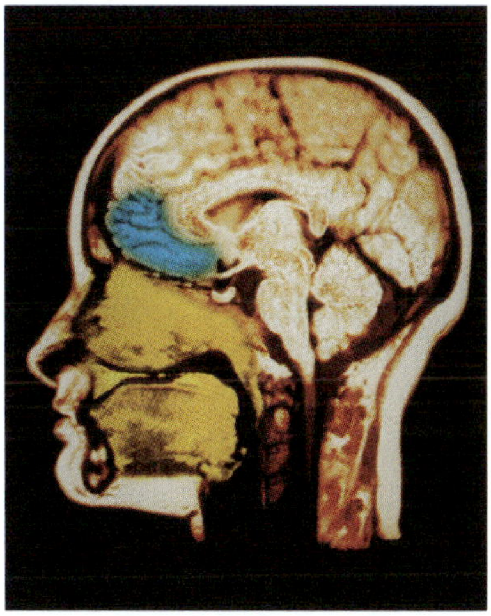

Durch die Computergeometrie ist es möglich geworden, detaillierte Bilder aus dem Inneren des menschlichen Körpers zu generieren, wie beispielsweise einen Querschnitt des Kopfes.

sogenannte Vektoren und Tensoren, ebenso wie die Mathematiktheorien, die als harmonische Analysis, Matrizenalgebra etc. bezeichnet werden, und insbesondere die IT – vor allem in der Algorithmik.

Die diskrete und kombinatorische Geometrie beschäftigt sich mit der Komplexität der Kombinationen geometrischer Objekte. Ihr wesentliches Ziel ist es, die Anzahl der grundlegenden Operationen zu bestimmen, die benötigt werden, um ein Problem einer bestimmten Größe zu lösen. Somit bietet sie die Möglichkeit, einen effektiven Algorithmus zu finden, der das Problem innerhalb einer bestimmten Anzahl an Operationen löst, gibt also wertvolle Informationen über die „kombinatorische" Komplexität der Aufgabenstellung. Diese Geometrie beschäftigt sich regelmäßig mit diskreten geometrischen Objekten, wie beispielsweise Polyedern und Kugeln sowie mit ihrer Anordnung im Raum. Sie wissen, dass es im 3D-Raum nur 5 regelmäßige konvexe Polyeder gibt, die sogenannten platonischen Körper.

Viele Probleme, die unter Anwendung dieser neuen Techniken untersucht werden, sind von größter Bedeutung in Gebieten wie beispielsweise der Signaltheorie, Computervision oder der Robotik. Die Computergeometrie verwendet eine Kombination aus mehreren mathematischen Werkzeugen, um die Probleme des modernen Lebens zu lösen.

Dies ist beispielsweise im Bereich der Medizin der Fall, insbesondere für CAT-Scanbilder oder MRI (Magnetic Resonance Imaging), auf Deutsch MRT (Magnetresonanztomographie). Außerdem wird sie in Routenplanungen und Kartensoftware verwendet, wie im vorigen Kapitel bereits erwähnt, ebenso wie im CAD (Computer-Aided Design). CAD-Designprogramme ermöglichen, neu entworfene Objekte aus unterschiedlichen Perspektiven zu betrachten, ohne dass sie physisch konstruiert oder modelliert werden müssten.

Die Computergeometrie löst einfache geometrische Probleme im 2D-Raum. Damit der Computer weiß, was er tun soll, werden ihm alle erforderlichen Informationen bis ins letzte Detail zur Verfügung gestellt, wobei alle Beziehungen zwischen

ALGORITHMIK

Bei der Algorithmik geht es darum, computergestützte Lösungen für die verschiedenen Probleme zu finden, die bei der Programmentwicklung auftreten. Diese Lösungen sind nicht von der verwendeten Programmiersprache abhängig. Sie sind auf einer höheren Abstraktionsebene angesiedelt. Ein Algorithmus ist der mathematische Ausdruck einer auszuführenden Aufgabe. Er besteht aus Daten, Bedingungen und Operationen. Es handelt sich dabei um eine Liste von aufeinanderfolgend auszuführenden Schritten, eine Art Rezeptur, um eine Operation zu automatisieren. Die Liste der Operationen wird dann in eine Programmiersprache übersetzt, die ein elektronisches Gerät verstehen kann, wie beispielsweise ein Computer. Das Programm steuert, wie die Maschine die betreffenden Operationen ausführt. Ein gutes Beispiel dafür ist etwa ein Roboter, der am Fließband für die Autoherstellung arbeitet, wie nachfolgend gezeigt. Seine Operationen werden unter Verwendung von Algorithmen programmiert. Die in Algorithmen programmierten Operationen müssen keine physischen Bewegungen sein. Es kann sich auch um Anweisungen handeln, wie sehr komplexe Berechnungen auszuführen sind.

den Elementen mit höchster Präzision ausgedrückt werden. Diese Routinen und strukturierten Anweisungen – die Teil eines Algorithmus sind – werden verwendet, um CAD-Programme zu entwickeln. Allgemeinere CAD-Probleme werden basierend auf der Analyse von Polygonen und deren Eigenschaften gelöst.

DIE GRENZEN DER KÜNSTLICHEN INTELLIGENZ

Die Science-Fiction versorgt die Phantasie der Menschen mit Bildern einer Zukunft, in der die Menschen mit Maschinen zusammenleben, die so intelligent sind, dass die Grenze zwischen ihnen fließend ist. Die Arbeit an der künstlichen Intelligenz gehört heute zu den wichtigsten Forschungsthemen, aber die große Diskrepanz zwischen der Verarbeitungsleistung eines menschlichen Gehirns und derjenigen der schnellsten Computer ist so groß, dass selbst die intelligentesten Programme heute nicht an biologische Intelligenz heranreichen können. Der Bereich möglicher Anwendungen für die künstliche Intelligenz ist nur durch die Vorstellungskraft der Programmierer begrenzt – Menschen –, und ob wir intelligent genug sind, um uns vorstellen zu können, warum unser Gehirn so intelligent ist.

Künstliche Augen für einen Roboter

Die künstliche Intelligenz (KI, auch AI für „Artificial Intelligence") ist der Bereich der Informationswissenschaft, der der Entwicklung rationaler unbelebter Wesen gewidmet ist, die für sich selbst denken. Technisch gesehen handelt sich es dabei um Objekte oder Dinge, die ihre Umgebung wahrnehmen können – indem sie Informationen entgegennehmen, diese Daten verarbeiten und ihre Umgebung entsprechend verändern. Das Ziel der künstlichen Intelligenz ist nicht trivial: Sie soll Prozesse ableiten, die nach der Ausführung auf einer Maschine Ergebnisse oder Aktionen erzeugen, die die Leistung maximieren. Das Ganze basiert auf der Abfolge der wahrgenommenen Eingaben und den darin gespeicherten Daten. Mit anderen Worten, die Maschine soll selbst entscheiden, wie sie am besten reagiert, und aus jeder ihrer Handlungen lernen.

Es gibt verschiedene Arten von Daten und Methoden, Wissen darzustellen, ebenso wie die unterschiedlichsten Prozesse, um optimale Ergebnisse zu erzielen. Die grundlegenden AI-Prozesse sind unter anderem Systemsteuerung, automatische Planung, die Fähigkeit, auf eine Diagnose und Anfragen von Benutzern oder Verbrauchern zu reagieren, Spracherkennung, Texterkennung und Mustererkennung. All dies wird unter Verwendung verschiedener mathematischer Werkzeuge bewerkstelligt: Modellierung, Musterinterpretation, Statistik, Geometrie, Bildverarbeitung, Grafik usw. Die Liste ist endlos.

Der Pionier dieser neuen Welt war der britische Informatiker Alan Mathison Turing (1912-1954), der 1930 Folgendes schrieb:

RENAISSANCE DER ROBOTER

2007 baute der Robotik-Forscher Sylvain Calinon aus der Schweiz am *Learning Algorithms and Systems Laboratory* (LASA) einen Roboter, der das Porträt einer Person zeichnen konnte, die vor ihm saß. Dazu verwendete er seine mechanische Hand und eine Tuschefeder, die er immer wieder in die Tinte tauchte. In dem Projekt ging es um Anwendungen wie beispielsweise die automatische Herstellung von Phantombildern von Verdächtigen oder die Erkennung von Formen und Figuren im 3D-Raum. Das System ist vielleicht einfacher, als es den Eindruck haben mag. Der Roboter zeichnet das Bild der Person auf, die vor ihm sitzt, und trennt dieses Bild vom Hintergrund. Dazu verwendet er eine Mustererkennung sowie Anpassungsalgorithmen, um Abweichungen im Hinblick auf Beleuchtung und Position des Modells zu kompensieren. Anschließend wandelt die Programmiereinheit des Roboters das Foto in ein Vektorbild um, wie in einer ganz normalen Bildverarbeitung. Sobald der Roboter ein klares Bild des Modells besitzt, zeichnet er es, aber statt es auf einem Drucker auszudrucken, verwendet er eine „Hand" mit vier Freiheitsgraden, die ihm erlauben, einen Stift zu halten und auf Papier zu zeichnen, genau wie ein Plotter.

> „Künstliche Intelligenz ist dann erreicht, wenn wir bei einer Unterhaltung mit verbundenen Augen nicht mehr zwischen einem Menschen und einem Informationsprogramm unterscheiden können."

Turing war Mathematiker, Informatiker, Kryptograph und Philosoph. Er kann als Vater der modernen Informatik betrachtet werden. Sein Leben verlief nicht immer ganz reibungslos, und er ist vor allem bekannt für seine Arbeit während des Blitzkriegs in Großbritannien. Im Zweiten Weltkrieg war er Leiter der Dechiffrierabteilung in Bletchley Park, einer Einrichtung, in der die Meldungen des Feindes untersucht und Codes der Nationalsozialisten entschlüsselt wurden, insbesondere solche, für die die Enigma-Maschine verwendet wurde.

Seine theoretischen Arbeiten konzentrierten sich auf die Formalisierung von Konzepten für Algorithmen und Programmierung, womit er schließlich zu der berühmten „Turing-Maschine" gelangte. Er forschte jedoch auch in praktischen Gebieten. Beispielsweise trug er dazu bei, einen der ersten programmierbaren digitalen elektronischen Computer zu entwerfen. Seine Beiträge waren fundamental für die Debatte, ob Maschinen denken können – oder dies je können werden.

Die Computergeometrie spielt eine maßgebliche Rolle in einem Bereich der künstlichen Intelligenz, der auch als künstliche Vision, Computervision oder tech-

nische Vision bezeichnet wird. Ziel der künstlichen Vision ist es, einen Computer so programmieren zu können, dass er eine Szene visuell erfassen kann, um verschiedene Elemente eines Bildes zu erkennen.

In Industrieprozessen, die wiederholt Produkte aus identischen Komponenten herstellen, bedeutet die künstliche Vision, dass Tausende hergestellter Produkte innerhalb von Sekunden zusammengebaut und überprüft und mit größter Effizienz auf Fehler untersucht werden können. Solche Systeme funktionieren nicht ohne den Menschen, aber sie helfen uns, indem sie unsere natürliche Wahrnehmung ergänzen.

MATHEMATIK, DIE DIE WELT VERBESSERT

Der Schweizer Physiker Felix Bloch und der amerikanische Physiker Edward Purcell entdeckten 1946 die Magnetresonanz (MR). Beide erhielten 1952 den Nobelpreis für Physik für ihre Entwicklung neuer Methoden, nukleare Magneteffekte präzise zu messen.

Das nachfolgende Bild zeigt, wie einfach und kompakt die Ausrüstung für die Erstellung von MR-Bildern aussieht – ein MRT-Gerät. MRT wendet eine sehr komplexe Mathematik an, aber die Maschine wurde schnell zu einem Diagnosewerkzeug, das in der Medizin regelmäßig eingesetzt wird. Der Prozess, von einer mathematischen Theorie auszugehen, um zu einem technischen Anwendungszweck zu gelangen, der sich maßgeblich auf das tägliche Leben der Menschen auswirkt, beschleunigt sich stetig.

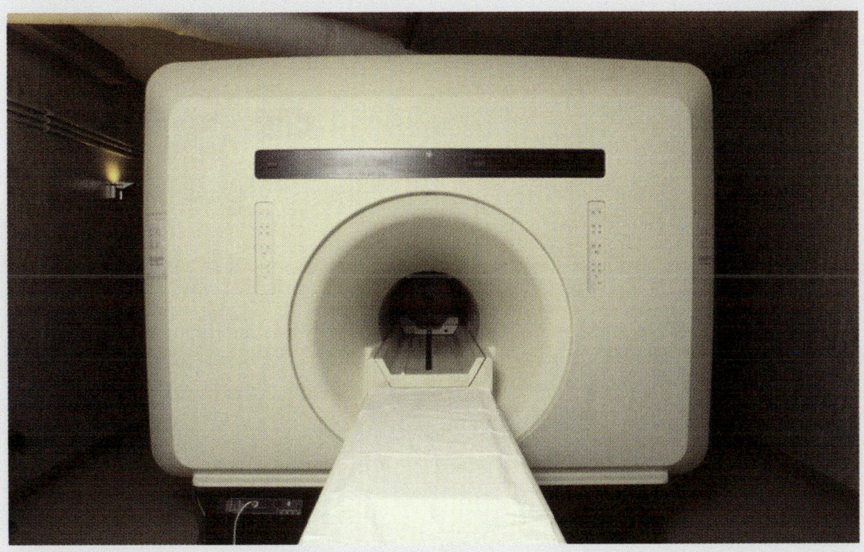

Magnetresonanz

Computer nutzen heute selbst das als Magnetresonanz (MR) bezeichnete Phänomen. Es kann sehr präzise angewendet werden, um die Verteilung der Atome im menschlichen Körper abzubilden. Die Bildgebungsausrüstung in diesen medizinischen Geräten ist sehr kompliziert, nicht nur, weil für die Aufgabe höchste Sensibilität erforderlich ist, sondern auch, weil sie sehr vorsichtig eingesetzt werden muss, um eine Schädigung der Patienten zu vermeiden.

Die Hauptkomponente des Geräts ist ein Magnet, der ein starkes Magnetfeld erzeugt. Dieses Feld richtet Atomkerne in zwei Richtungen aus: Eine parallele, wobei die Feldvektoren alle in dieselbe Richtung zeigen, und eine anti-parallele, wobei die Vektoren in die entgegengesetzte Richtung zeigen. Die Stärke des Magnetfelds bestimmt die Frequenz, in der die darin enthaltenen Atome schwingen. Dadurch wird elektromagnetische Strahlung mit einer bestimmten Frequenz – in der Regel Funkwellen – durch den Patienten geschickt. Die ausgerichteten Atome geben diese Strahlung nach einer kurzen Zeit zurück, und diese „Echos" werden von Detektoren erfasst.

Der Hauptmagnet erzeugt ein konstantes Feld, wobei alle Kerne desselben Elements in derselben Frequenz schwingen, deshalb senden Zonen mit unterschiedlichen Kombinationen von Materialien mehr oder weniger elektromagnetische Echos aus. Diese gesamte Schwingungsinformation wird mit einem mathematischen Werkzeug quantifiziert, das auch als Fourier-Transformation bezeichnet wird, und das verwendet wird, um die aus dem Patienten kommenden elektromagnetischen Signale zu verarbeiten.

MR begann als Tomographentechnologie, mit anderen Worten, es wurden Querschnittsbilder des menschlichen Körpers erstellt. Jede dieser Bildscheiben hat eine bestimmte Dicke, und *c* stellt einen Schnitt zwischen zwei anatomischen

FOURIER-TRANSFORMATION

Die Fourier-Transformation gehört zu einem Zweig der Mathematik, der auch als harmonische Analyse bezeichnet wird. Dieser mathematische Operator wird verwendet, um ein Signal in Komponenten unterschiedlicher Frequenzen zu zerlegen. Mathematisch ist er sehr kompliziert. Er wird als Funktion f mit komplexen Werten und einer Funktion g wie folgt ausgedrückt:

$$g(\xi) = \frac{1}{\sqrt{2}} \int_{-\infty}^{+\infty} f(x) e^{-i\xi x} \, dx.$$

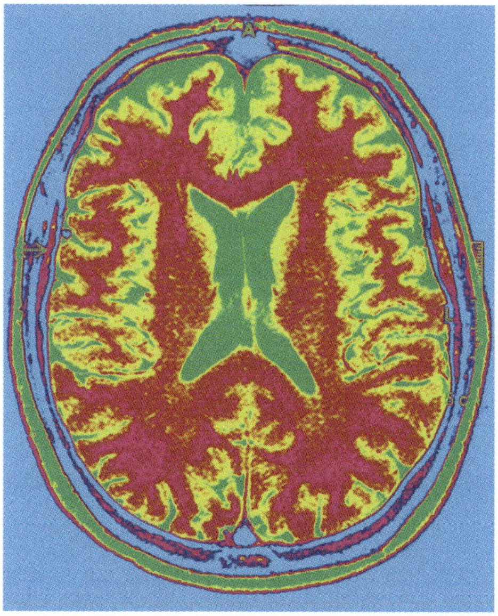

Die Magnetresonanz gestattet, Querschnitte von Organen darzustellen. Das Bild auf der linken Seite ist eine horizontale Ansicht des Gehirns an der Position, die auf dem Foto auf der rechten Seite durch eine Linie gekennzeichnet ist.

Abschnitten dar. Die Scheibe enthält volumetrische Elemente, sogenannte Voxel (zusammengesetzt aus Teilen der Wörter „volumetrisch" und „Pixel"). Ein Voxel ist eine Kubikeinheit in einem 3D-Bild. Sein Cousin, das Pixel – eine Flächeneinheit im 2D-Raum – ist vielleicht besser bekannt.

Um ein 3D-Bild zu erstellen, muss die Lichtundurchlässigkeit der Voxel geändert werden. Jedes Voxel erhält unterschiedliche Lichtundurchlässigkeitswerte, die numerisch quantifiziert werden, basierend darauf, wie stark es im Feld schwingt. Genau dieser Effekt gestattet es den Ärzten, die interne Anatomie zu untersuchen, die andernfalls von einer Außenschicht bedeckt wäre, die lichtundurchlässiger ist als die Voxel. Das Volumen eines Voxels beträgt ca. 3 mm³. Jede Bildscheibe enthält sehr viele solcher Voxel.

Das MRT schließlich wird in Form von Pixeln dargestellt, wobei die Helligkeit eines Pixels proportional zu der Stärke des MR-Signals ist, abhängig vom Inhalt des Voxels im untersuchten Objekt. Diese Information wird als Bild mit numerischen Werten angezeigt und gedruckt, sodass medizinische Teams es visuell interpretieren und potentielle Krankheiten präzise diagnostizieren können.

Digitale Bilder

Heute ist es ganz üblich geworden, Bilder per E-Mail zu senden und zu empfangen, Fotos mit einer Digitalkamera aufzunehmen oder Bilder zu scannen. Die unterschiedlichsten Bildverarbeitungsprogramme und Flachbildschirme haben dazu geführt, dass es in allen Sprachen ganz neue Wörter gibt, die wie selbstverständlich verwendet werden. Wörter wie „Pixel“, wie oben bereits erwähnt, aber auch „Vektorgrafik“ oder „Rasterbild“ wurden mit erstaunlicher Leichtigkeit aus dem Sprachschatz der Fachleute in die Alltagssprache übernommen.

Wie bei Begriffen, die aus anderen Sprachen übernommen wurden, kann das Konzept eines Rasterbilds unterschiedlich ausgedrückt werden: Bitmap, Matrixbild oder Pixmap. Es handelt sich dabei um eine Datei, die als Matrix, Pixeltabelle oder ein Raster aus farbigen Punkten dargestellt wird, und die auf einem Bildschirm oder auf einem Ausdruck angesehen werden kann.

Ein Vektorbild ist ein digitales Bild, das durch voneinander unabhängige geometrische Objekte erstellt wird, z. B. Linien, Polygone, Bögen usw. Vektoren können anders als gerasterte Bilder endlos vergrößert werden, ohne ihre Definition zu verlieren, deshalb werden sie im Grafikdesign oder für die Generierung virtueller Realitäten in Computerspielen verwendet. Im Gegensatz dazu nehmen in einer gerasterten Grafik die Umrisse nicht proportional zu, wenn die gesamte Form vergrößert wird.

PIXEL

Das Wort *Pixel* ist ein Neologismus. Es steht für „*pic*ture *el*ement“ (Bildelement) und ist die kleinste Einheit eines digitalen Bildes. Das Bild kann auf unterschiedlichen Geräten angezeigt werden, die normalerweise an einen Computer angeschlossen sind, wie beispielsweise ein Drucker oder ein Bildschirm. Die Größe eines Pixels ist nicht einheitlich und ist von dem Gerät abhängig, auf dem das Bild angezeigt wird. Die meisten Computerbildschirme verwenden 72 Pixel pro Zoll.

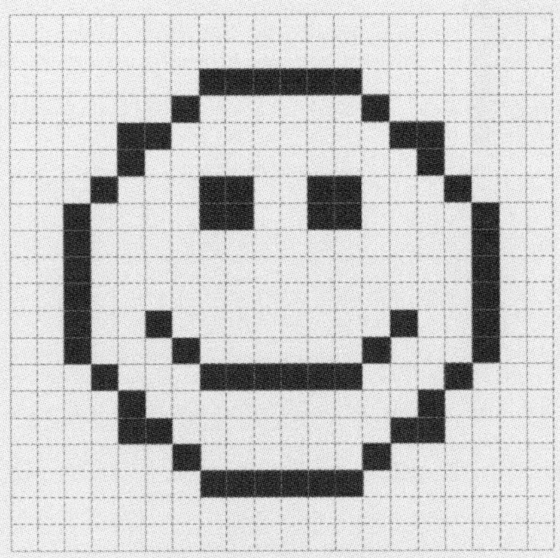

Ein 16 x 16 Pixel großes Bild.

Die nachfolgenden Bilder sindVergrößerungen neben dem Originalbild (100 %). Der Buchstabe A auf der linken Seite ist einVektorbild, das A auf der rechten Seite ist ein Rasterbild.

Sukzessive Vergrößerungen zeigen die Unterschiede zwischen den beiden Methoden auf.Wenn wir vergrößern, behält das A (vektoriell) auf der linken Seite seine Qualität, während das A (gerastert) auf der rechten Seite langsam ein verzerrtes

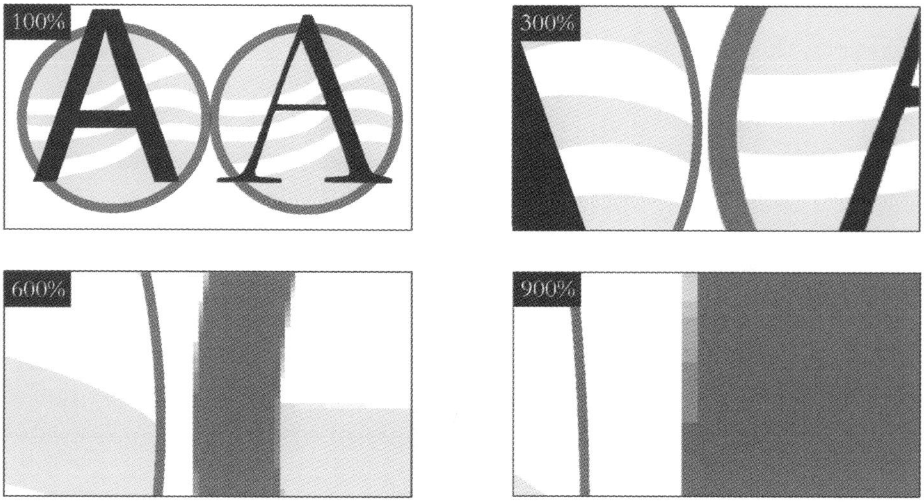

Pixelmosaik aufweist.Wenn wir ein digitales Bild beispielsweise auf einem Computerbildschirm ausreichend vergrößern, können wir die Pixel erkennen, aus denen sich das Bild zusammensetzt. Bilder sind eine rechteckige Matrix aus Pixeln, die jeweils einen winzigen Teil des Gesamtbildes darstellen. Sie sehen aus wie kleine Quadrate oder Rechtecke und können farbig, schwarz, weiß oder grau sein.

Um die in einem Pixel gespeicherte digitale Information in eine Farbe umzuwandeln, müssen wir die Sättigung und die Helligkeit der codierten Farbe kennen, ebenso wie das verwendete Farbsystem. Das RGB-System (Rot-Grün-Blau) beispielsweise gestattet uns, eine Farbe aus den drei primären Farben des Lichts zu bilden: Rot, Grün und Blau. Die jeweilige Mischung bestimmt, welche Farbe wir schließlich sehen. Die meisten Computerperipheriegeräte verwenden das RGB-System – Bildschirm, Scanner usw.

Jedes Pixel wird im binären System durch eine Bitkette einer spezifischen Länge codiert. Die Anzahl der verschiedenen Farben, die von einem Pixel dargestellt werden können, ist von der Anzahl der Bits pro Pixel (bpp) abhängig. Die Anzahl der Farben, die ein Pixel darstellen kann, kann berechnet werden. Man erhält sie, indem die Zahl 2 in die Potenz des bpp erhoben wird.

Die gebräuchlichsten Werte für ein Pixel sind:

1 bpp : 2^1 = 2 Farben, ein sogenanntes monochromes- oder „Schwarzweiß"-System,
2 bpp : 2^2 = 4 Farben, CGA (Colour Graphics Adapter),
4 bpp : 2^4 = 16 Farben, VGA (Video Graphics Array),
8 bpp : 2^8 = 256 Farben, SuperVGA,
16 bpp : 2^{16} = 65.536 Farben, Highcolor,
24 bpp : 2^{24} = 16.777.216 Farben, das sogenannte Truecolor-System,
48 bpp : 2^{48} = 281.474.976.710.656 Farben, für hochqualitative Darstellungen.

Das Matrix-Bildformat oder die Bitmap wird verwendet, um Fotos oder Videos aufzuzeichnen. Tatsächlich sind Scanner oder Digitalkameras letztlich nichts anders als Analog-Digital-Wandler. Die Anzahl der Pixel in einem Bild wird als Auflösung bezeichnet. Um zu vermeiden, die Verbraucher mit technischen Details zu überfordern, drücken kommerzielle Marken die Anzahl der Pixel in einem Bild unter

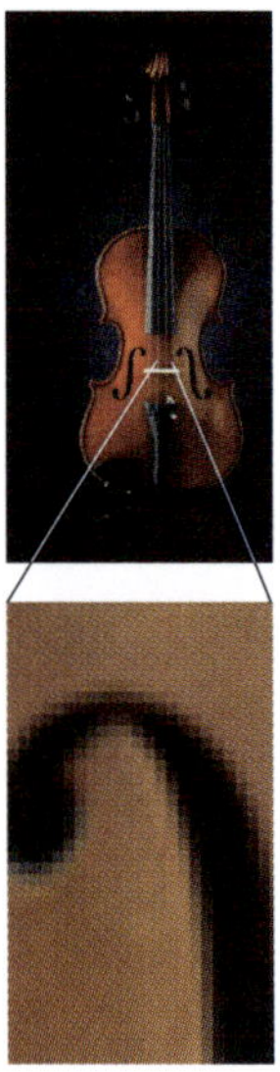

170	170	180	181	186	189	191	186	179	172	164	152	98	56	57	53	50	55	50	44	45	41	41	45	46	47
168	175	177	177	188	194	187	186	179	169	161	153	93	59	55	49	50	49	47	43	44	46	44	45	43	40
169	171	182	183	190	194	192	187	172	171	158	136	90	62	53	55	52	48	49	42	45	48	43	40	43	41
175	175	185	192	195	194	193	187	174	172	164	150	87	55	52	51	48	47	48	47	46	42	40	43	43	43
176	181	185	189	191	192	195	190	178	174	165	145	85	54	48	47	46	48	49	49	42	45	41	42	43	43
178	180	189	194	197	197	196	189	181	174	164	146	73	53	58	48	46	45	45	50	46	46	43	41	43	43
182	186	192	197	200	201	198	190	184	184	176	156	74	46	48	45	45	39	41	42	43	44	42	40	41	43
182	189	195	200	209	217	215	205	190	165	142	116	79	49	45	43	43	42	46	47	43	42	41	41	39	44
183	187	200	211	236	223	140	56	28	16	11	7	12	13	23	38	49	48	46	46	45	41	40	38	40	43
191	191	220	214	143	43	9	5	7	7	8	6	8	7	7	12	23	33	44	43	44	42	42	40	42	43
196	227	190	45	5	6	7	9	8	7	6	7	4	9	7	6	7	11	24	47	37	39	41	44	43	41
215	182	25	4	8	8	9	7	9	6	7	46	44	7	8	8	6	8	9	19	31	38	40	42	45	41
180	21	6	8	9	8	9	9	2	25	122	178	164	39	9	7	9	7	7	8	15	30	38	38	41	38
63	2	8	8	7	9	8	4	22	142	203	179	163	126	50	8	6	8	7	9	6	16	33	38	39	41
11	8	9	8	8	8	6	31	141	183	187	181	168	167	112	35	9	8	8	7	9	8	14	31	40	40
5	9	8	8	7	8	9	117	172	169	187	182	163	158	131	65	21	7	7	7	6	8	8	18	37	37
8	9	8	8	9	7	6	62	174	172	183	180	165	149	127	85	33	12	8	7	8	8	8	9	21	37
10	7	9	8	8	7	7	12	134	181	181	174	160	153	128	88	41	26	8	8	8	7	7	7	8	27
9	8	8	8	7	7	7	7	68	182	176	170	164	154	119	92	41	35	17	8	7	8	7	7	7	14
9	9	7	8	8	7	7	7	21	152	176	168	160	151	126	87	41	39	29	8	6	7	7	8	7	8
9	8	9	8	8	7	8	7	10	117	182	166	150	147	120	75	39	39	35	16	6	8	7	6	7	6
10	9	9	7	8	8	7	8	8	108	177	167	159	151	105	82	42	39	37	27	8	8	7	7	7	8
10	9	8	8	7	8	8	8	11	122	172	160	152	152	117	80	49	42	37	33	13	6	8	7	8	7
10	10	9	10	8	8	8	6	26	146	168	160	150	144	110	82	44	38	39	34	18	8	7	8	7	8
7	10	10	9	9	9	8	6	97	167	157	161	149	147	102	66	49	42	36	34	25	7	8	6	8	8
35	9	7	9	8	7	4	42	151	161	162	160	153	150	105	77	43	40	35	35	30	9	7	8	7	6
115	50	24	12	13	26	66	142	157	155	163	160	152	148	107	67	48	40	35	34	31	12	9	7	7	8
140	123	117	95	92	129	154	153	158	159	162	157	151	148	105	62	44	38	38	34	32	17	7	8	6	8
136	134	145	146	143	152	151	157	166	167	166	160	153	147	112	78	43	39	41	36	33	23	7	7	9	7
138	142	144	144	150	153	156	158	168	171	171	157	149	155	108	61	51	43	40	37	34	24	8	7	6	9
143	141	145	149	153	159	159	157	167	176	170	163	160	154	110	62	48	43	38	35	32	30	12	8	8	7
148	150	145	151	156	159	158	162	169	172	167	162	156	153	114	59	53	45	38	35	30	33	17	7	7	8
150	150	150	157	164	164	166	170	174	172	174	166	155	151	116	71	51	47	41	36	34	33	21	8	9	9
145	148	153	158	160	168	168	171	178	178	170	165	161	153	104	66	47	43	40	37	34	33	21	8	8	8
151	151	156	157	163	166	165	174	176	177	170	165	163	154	118	67	45	41	40	35	33	34	25	9	7	8
147	152	156	161	167	169	167	171	177	180	180	167	154	155	128	80	52	38	37	37	34	34	26	10	7	8
154	153	158	164	170	169	171	172	185	181	173	171	159	156	128	81	60	43	42	40	36	33	27	10	8	8
150	155	162	167	168	172	172	176	179	180	175	169	163	155	133	77	54	44	44	38	38	33	29	11	8	8
148	157	161	166	172	169	167	174	179	182	184	174	162	164	134	81	57	42	43	38	38	34	31	14	8	8
155	160	160	164	171	169	173	178	182	182	182	177	164	158	133	98	69	43	41	41	37	35	31	16	8	8
152	158	161	165	168	173	176	180	179	186	186	174	167	157	136	96	74	47	44	40	37	34	33	17	8	8

Um ein Bild zu erstellen, werden die Pixel in einer Matrix angeordnet, einer Tabelle mit Zeilen und Spalten.

SUPER VGA

Eine Matrix mit den Dimensionen M x N deren Elemente einen Wert zwischen 0 und 255 haben, woraus sich insgesamt 256 verschiedene Elemente ergeben.

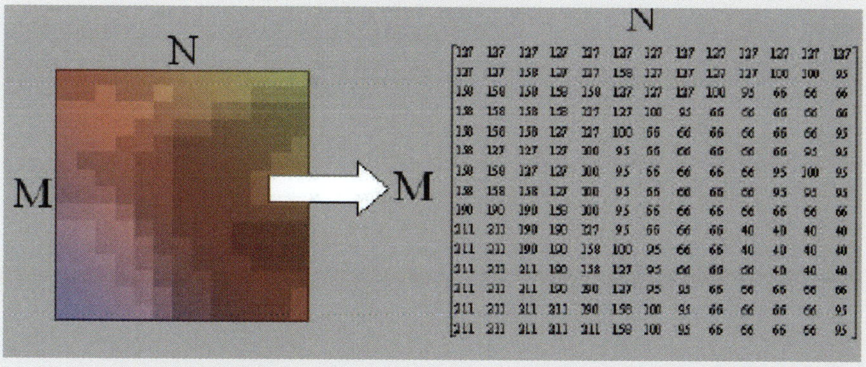

Verwendung einer einzigen Zahl aus. Eine Digitalkamera kann beispielsweise als „5 Megapixel"-Kamera eingeordnet werden, d. h. sie hat fünf Millionen Pixel. Sie kann auch mit zwei Zahlen charakterisiert werden. Eine Auflösung von 640 x 480 beispielsweise bedeutet, dass die Pixelmatrix 640 Spalten und 480 Zeilen enthält. Digitale Fernsehgeräte im Vertikalformat haben 720 Spalten und 576 Zeilen; HD-Geräte verwenden 1.080 Zeilen.

Bitmap- oder Rasterbilder werden unter Angabe ihrer Höhe und Breite (in Pixeln) beschrieben, ebenso wie durch ihre Farbtiefe (in Bit pro Pixel). Damit wird die Anzahl der verschiedenen Farben festgelegt, die in jedem Pixel gespeichert werden können – mit anderen Worten, die Farbqualität des Bildes.

Was Computerbilder betrifft, will jeder Anbieter immer wieder eine bessere Qualität bereitstellen. Dieses Wettrennen wird jedoch durch eine weitere Komponente bestimmt: die Dateigröße. Für das Speichern der hoch-

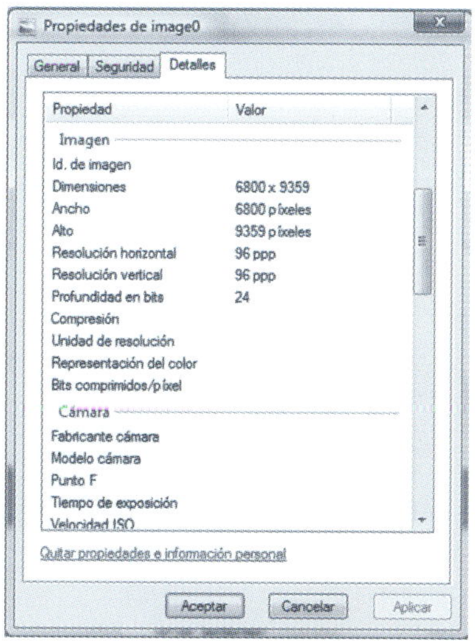

Die Eigenschaften eines auf einem Computer gespeicherten Bildes können angezeigt werden.

SICHERHEITSKAMERAS

Sicherheitskameras, die Bewegungen erkennen, zeichnen eine Bildfolge als Sequenz mehrerer Fotos auf. Sie können schnell jede Aufnahme mit der vorhergehenden Aufnahme vergleichen, indem sie die Matrix eines Bildes von der des anderen Bildes subtrahieren. Ist das Ergebnis eine Matrix, deren Elemente alle gleich 0 sind, gab es im betreffenden Zeitintervall keine Bewegung. Ein Wert ungleich 0 bedeutet, dass sich die Bilder unterscheiden. Hat sich das Bild geändert, hat eine Bewegung stattgefunden.

Wenn Bankfilialen geschlossen werden, zeichnet ein Bewegungsdetektor häufig Bilder auf und vergleicht diese. Wenn es keine Änderung gibt (zwei aufeinanderfolgende Bilder sind gleich: die Matrixdifferenz ist 0), löscht das Gerät das vorhergehende Bild, um Speicherplatz zu sparen. Es speichert nur Bildfolgen mit erkennbaren Unterschieden. Die Mathematik passt auf!

qualitativen Bilder ist sehr viel Speicherplatz notwendig. Bildverarbeitungsprogramme versuchen, dieses Problem durch Komprimierungstechniken zu lösen, um die Größe zu verringern. Auf professioneller Ebene sind die Ergebnisse beeindruckend, aber für PCs gibt es keine einfache Lösung. Um Festplattenspeicher zu sparen, müssen die meisten Komprimierungen Daten opfern – und damit Bildqualität. IT-Spezialisten bezeichnen diese Techniken als irreversible Kompression oder Kompression mit Verlust.

EINE 3D-MATRIX

Das Konzept einer Pixeltabelle oder -matrix kann zu einer 3D-Computergrafik im dreidimensionalen Raum erweitert werden, wobei die Einheiten Würfel sind, die zuvor angesprochenen Voxel. In diesem Fall ist die Farbinformation in einem würfelförmigen Element enthalten (cubits), das sich in einem dreidimensionalen Raster oder einer dreidimensionalen Matrix befindet. Voxel sind ein leistungsstarkes Werkzeug für den Umgang mit komplizierten Formen, aber sie verlangen sehr viel Speicher. Aus diesem Grund werden 3D-Bilder im Allgemeinen als Vektoren gespeichert.

Häufig ist die Entscheidung, ob ein Vektorbild oder ein Rasterbild verwendet wird, auch von der Komprimierung abhängig. Ein Rasterbild kann nicht ohne deutlichen Qualitätsverlust vergrößert werden. Dieser Nachteil steht im starken Gegensatz zu den Möglichkeiten, die die Vektorgrafiken bieten, die mit maximaler Auflösung an jeden Bildschirm angepasst werden können.

CAD: Computer-Aided Design

Architektonische Zeichnungen und Industriedesigns wurden bisher unter Verwendung zweidimensionaler Projektionen unterschiedlicher Art erstellt, wie beispielsweise Planansicht, Erhöhung, Profil und korrekte Perspektive. Dies sind die Werkzeuge, die es dem Techniker ermöglichen, seine Ideen in eine Form zu bringen und sie anderen zu zeigen. Computer haben für eine Revolution in der Welt des Designs gesorgt.

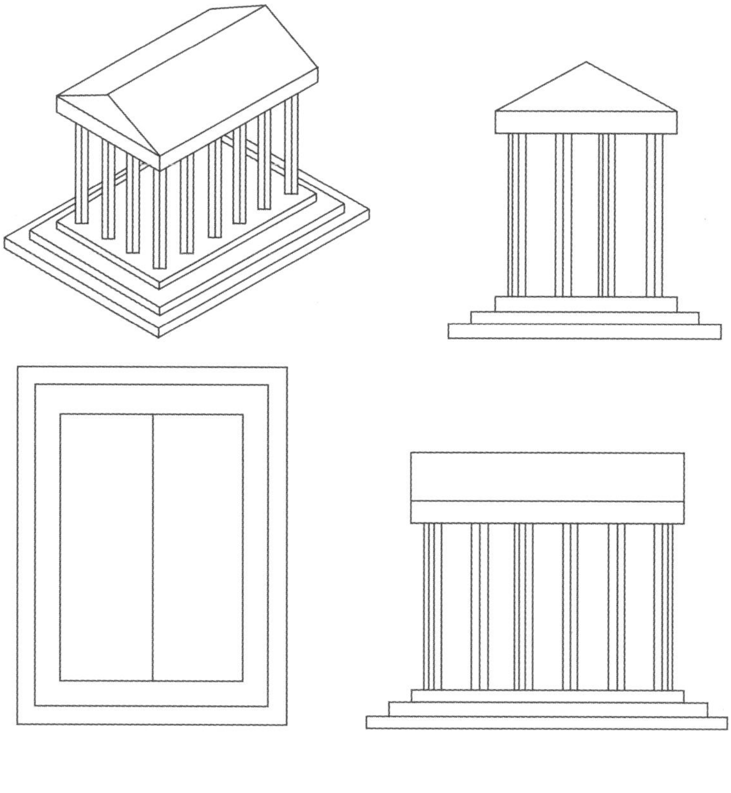

Heute sind CAD-Programme (Computer-Aided Design) ein grundlegendes Werkzeug zum Zeichnen von Projektionen. Bevor der Techniker jedoch ein Design erstellen kann, muss er die Ausrüstung programmieren, sodass sie versteht, was er von ihr will. Die Computergeometrie bietet die mathematischen Werkzeuge, mit denen die CAD-Software ihre Zeichnungen erstellen kann.

Ein CAD-Programm verwendet zunächst eine Liste geometrischer Figuren: Linien und Polylinien, Polygone, Kreise, Ellipsen und Bézier-Kurven.

Bézier-Kurven sind ein System für das Grafikdesign, das 1962 entwickelt wurde, um Kurven in technischen Zeichnungen darstellen zu können. Pierre Bézier (1910-1999) war Ingenieur bei Renault. Er leitete eine Möglichkeit ab, diese Kurven auf mathematische Weise zu beschreiben. Seine Methode wurde ursprünglich für den Entwurf von Flugzeugen und Autos verwendet, später aber auch im CAD eingesetzt. Und auch die Computersprache für hochqualitative Drucker, PostScript, basiert auf Bézier-Kurven. Die aktuell auf dem Markt angebotenen Zeichnungsprogramme verwenden ebenfalls den Begriff Bézier, um einige ihrer Werkzeuge zu beschreiben. Diese Programme sind einfach zu nutzen und gelten schon lange als Standard für das Grafikdesign. Sie alle basieren auf Vektorbildern.

In der Welt des CAD werden Bitmap-Bilder als primitive Formate betrachtet, zumindest im Hinblick auf den Entwurf, weil sie Informationen in Pixeln speichern, was nicht so flexibel ist wie die Verwendung von Vektorbildern. Programme, die Vektorgrafiken in CAD-Umgebungen generieren, ermöglichen es, dass Komponenten gedreht, verschoben, gespiegelt, vergrößert oder geneigt werden. Dabei werden feinste Übergänge dargestellt, und es können sogar grundlegende Komponenten kombiniert werden, um vollständig montierte Objekte auf dem Bildschirm zu sehen.

BÉZIER-KURVEN

Das Konzept, Formen geometrisch zu definieren, ist nicht allzu schwierig. Ein Punkt in einer Ebene kann durch Koordinaten definiert werden. Beispielsweise kann der Punkt *A* die Koordinaten (x_1, y_1) haben, ein Punkt *B* die Koordinaten (x_2, y_2). Wir müssen nur ihre Position kennen, um eine gerade Linie zwischen ihnen zeichnen zu können. Quadratische Bézier-Kurven sind zwei Parabeln, für die drei nicht aneinander ausgerichtete Punkte erforderlich sind. True Type-Schriften bestehen aus Kurven, die auf quadratischen Bézier-Kurven basieren. Außerdem gib es kubische Bézier-Kurven und Bézier-Kurven noch höherer Ordnung.

Vektorgrafiken sind ideal geeignet, wenn das Bild später vergrößert werden soll. Wie wir gesehen haben, kann ein Vektorbild grenzenlos skaliert werden.

Andererseits sind Vektorgrafiken nicht für die Codierung von Fotos oder Videos geeignet. Praktisch alle Digitalkameras speichern Bilder im Bitmapformat. Warum? Ein Grund dafür ist, dass die Daten, die Vektorgrafiken beschreiben, eine relativ komplizierte Verarbeitung durchlaufen müssen, bevor sie das fertige Bild zeigen. Der Prozessor muss die nötige Leistung für die Berechnungen besitzen, und er muss diese auch relativ schnell durchführen können. Wenn das Datenvolumen sehr hoch ist, kann die Anzeige eines Bildes auf dem Kamerabildschirm sehr lange dauern, selbst für kleine Bilder. Es gibt jedoch Formate, die auch funktionieren, indem eine Mischung aus Vektor- und Bitmap-Bildern verwendet wird.

Abgesehen von den Vor- und Nachteilen der verschiedenen Formate müssen alle Bilder zuerst in Pixel umgewandelt werden, damit sie auf einem Bildschirm angezeigt oder ausgedruckt werden können. Das Pixel ist der Baustein der modernen Bilder in unserer Welt.

Fernerkundung: Geografische Informationssysteme

Die Fernerkundung ist ein relativ neues Konzept. Sie hatte ihre Anfänge in der Mitte des 20. Jahrhunderts. Sie verwendet Satellitenbilder als Forschungswerkzeug. Einer der bekanntesten Satelliten, der die Erde umkreist, ist Meteosat, der ein hervorragendes Beispiel dafür ist, wie Satellitenbilder für das tägliche Leben genutzt werden: Er wird für die Wettervorhersage in Europa und Nordafrika verwendet. Meteosat ist einer der fünf Wettersatelliten, die um den Äquator herum verteilt sind, und der etwa alle halbe Stunde eine Aktualisierung über die Sachlage der globalen Atmosphäre bietet.

Die anderen sind die beiden GOES, die Amerika mit Informationen versorgen, Insat für Indien und GMS für Japan. Sie nehmen die Wetterbilder auf, die wir täglich im Fernsehen auf der ganzen Welt sehen. Es gibt jedoch noch zahlreiche andere Satelliten, die die Erde für andere Zwecke beobachten, die nicht streng meteorologisch sind, wie beispielsweise für die Kartographie oder die Untersuchung natürlicher Ressourcen.

Satelliten sind letztlich riesige Digitalkameras, die ständig um die Erde kreisen, mit wirklich spektakulärer Definition und Vergrößerungsfunktionen. Sie schlafen nie, nehmen Tag und Nacht Bilder des Planeten auf, die dann an Computer auf der Erde gesendet werden.

INTERPRETATION VON SATELLITENBILDERN

Westeuropa, gesehen über die Infrarotkamera des Meteosat-Satelliten.

Dasselbe Video, aufgenommen mit einer Kamera für sichtbares Licht …

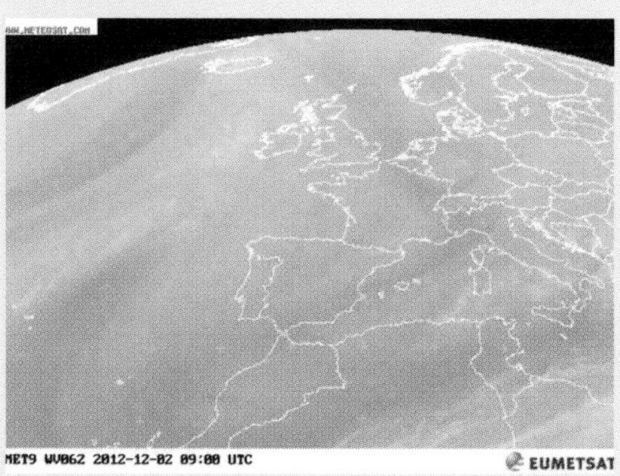

… und mit einer Kamera, die die Wellenlängen von Wasserdampf reflektiert.

Wettersatelliten senden dreierlei Bilder: Infrarot (IR), sichtbares Licht und Wasserdampf.

IR-Bilder sind diejenigen, die wir manchmal im Fernsehen sehen. Sie zeigen warme Objekte in dunkleren Farben und kalte Objekte in helleren. Aus diesem Grund sind wolkenlose Regionen im Allgemeinen dunkel, aber auch sehr tiefstehende Wolken und Nebel können dunkel erscheinen. Hochstehende Wolken sind sehr kalt.

Bei einem Bild mit sichtbarem Licht erscheinen wolkenlose Ozeane und Land dunkler, während Wolken und Schnee hell erscheinen. Dicke Wolken sind reflektiver und erscheinen heller als dünne. Bei diesen Bildern ist es jedoch schwierig, zwischen hochstehenden und tiefstehenden Wolken zu unterscheiden, deshalb wird dafür ebenfalls IR verwendet. Und bei Nacht sind Kameras für sichtbares Licht größtenteils nutzlos, sodass auch hier IR-Bilder verwendet werden.

Wasserdampfbilder zeigen, wie viel Wasserdampf in der Atmosphäre enthalten ist. Sie sind sehr praktisch, um feuchte Luft zu erkennen, die sehr wahrscheinlich zu Regen führt. Dunkle Farben zeigen trockene Luft, während helle weiße Bereiche zeigen, dass sich mehr Feuchtigkeit in der Luft befindet.

Satelliten arbeiten mit Sensoren, die denjenigen in gewöhnlichen Digitalkameras ganz ähnlich sind, allerdings mit einer sehr viel besseren Leistung.

Neben der Leistung gibt es noch einen weiteren funktionalen Unterschied zwischen den Sensoren in Satelliten und denjenigen in gewöhnlichen Kameras: Diejenigen in Satelliten nehmen Bilder in einer bestimmten Wellenlänge des Lichts auf, die irgendwo zwischen Infrarot (IR) und Ultraviolett (UV) angesiedelt ist, und halten sie als Digitalbilder fest. Es gibt außerdem Sensoren, die nur IR-Licht abtasten, das von menschlichen Augen nicht wahrnehmbar ist.

IR-Detektoren können nur Substanzen erkennen, wie beispielsweise Rauch, die in ihrem Blickfeld liegen. In den Filmen wird diese Funktion häufig als Strahl farbigen Lichts dargestellt. Satelliten sind mit IR-Sensoren ausgestattet, die spezielle Frequenzen aufnehmen. Damit ist es möglich, die Welt in vielen anderen Wellenlängen oder „Farben" zu sehen.

Alle Objekte auf der Erde haben spezielle Eigenschaften im Hinblick auf das Licht, das sie abstrahlen. Ein vom Menschen als rot wahrgenommenes Objekt strahlt eine bestimmte Wellenlänge des Lichts ab, das vom menschlichen Sehen als rot verzeichnet wird. Andere visuelle Systeme sehen die Dinge anders. Objekte reflektieren Licht mit unterschiedlichen Wellenlängen: Wäre dies nicht der Fall, könnten wir sie nicht allein durch Ansehen unterscheiden. Derselbe Effekt ermöglicht den Sensoren in einer Satellitenkamera, Wälder von Feldern und Wasser zu unterscheiden, die Licht mit unterschiedlichen Wellenlängen abstrahlen. Satelliten besitzen jedoch noch viele weitere Sensoren, beispielsweise Temperaturdetektoren, die IR-Wellen erfassen. Diese unterscheiden zwischen dem Weiß von Schnee und dem Weiß von Wolken und können erkennen, ob eine Region wärmer oder kälter ist. Mit Hilfe einer speziellen Bildverarbeitung kann festgestellt werden, ob die Bäume in einem Wald leben, tot oder verbrannt sind.

Trotz ihrer Komplexität sind die von den Satelliten gesendeten Bilder digital, d. h. sie sind im Grunde nichts anders als beispielsweise Urlaubsfotos. Der große Unterschied liegt in der Auflösung. In gewöhnlichen Kameras variiert die Größe der Pixel in Bildern von Hersteller zu Hersteller, aber Satelliten verwenden ihre eigenen Dimensionen, die sogenannte räumliche Auflösung. Die höhere Auflösung wird durch kleinere, nicht größere Pixel realisiert. Je kleiner das Pixel ist, desto größer ist die Auflösung eines Bildes, weil es mehr Informationen enthält. Die von Satelliten erzielbare Auflösung ist von einem zweiten, komplexeren Parameter abhängig, der sogenannten temporären Auflösung. Dies ist die Zeit, die ein Satellit braucht, um wieder über denselben Punkt der Erdoberfläche zu fliegen.

Wie wir im Verlauf dieses Buchs gesehen haben, sind neue Geometrien nicht nur möglich – sie haben auch viele neue Wege für das Wissen des Menschen eröffnet. Im Detail scheinen sie kompliziert zu sein, aber sie bilden die Schnittstelle zwischen der Mathematik und dem Menschen. Sie haben nicht nur unsere Wahrnehmung der Realität verbessert, sondern ihre praktischen Anwendungen sind in vielen Bereichen des Alltagslebens zu finden. Es handelt sich bei ihnen nicht nur um abstrakte Formulierungen in den Köpfen abgehobener Mathematiker, sondern sie können dazu beitragen, Krankheiten vorzubeugen und Menschen auf ihren Reisen den Weg zu weisen. Man könnte sagen, die neuen Geometrien haben sichtbar gemacht, was jahrhundertelang unsichtbar war – und damit unseren Horizont erweitert. Insgesamt können wir sagen, dass sich nie eine Ablehnung – nämlich des fünften Postulats von Euklid – als so praktisch für die Menschheit erwiesen hat.

Anhang

Die Relativitätstheorie und die neuen Geometrien

1905 veröffentlichte Albert Einstein die *Spezielle Relativitätstheorie* und verursachte damit das größte Umdenken in der Physik seit der durch Kopernikus losgetretenen wissenschaftlichen Revolution und den *Principia Mathematica* von Isaac Newton.

Einstein schlug eine neue Methode vor, die Realität zu betrachten. Ein Ereignis findet im dreidimensionalen Raum zu einem bestimmten Zeitpunkt statt. Mit anderen Worten, es befindet sich in der Raum-Zeit und ist durch vier Koordinaten definiert – drei davon bestimmen seine Position, und die vierte bestimmt seinen Platz innerhalb der Zeit. Natürlich platzieren es diese Koordinaten in einem spezifischen Koordinatensystem. Aus diesem Grund ist die Position eines Ereignisses in der Raum-Zeit von der Position des Beobachters abhängig, d. h. vom Ursprung und der Ausrichtung des für seine Definition verwendeten Koordinatensystems. Damit sehen unterschiedliche Beobachter Ereignisse verschiedenartig, insbesondere, wenn sie sich mit unterschiedlichen Geschwindigkeiten bewegen.

Eine Analyse dieser Konzepte in der geometrischen Ebene ist sehr aufschlussreich. In der Relativitätstheorie wird die Distanz zwischen zwei Ereignissen als „Intervall" bezeichnet, das in zwei Komponenten zerlegt wird: Raum und Zeit.

Das räumliche Element ist das Intervall des Raums zwischen den Positionen von Ereignissen im dreidimensionalen Raum, während das temporäre Element die Zeit ist, die die beiden Ereignisse voneinander trennt. Diese Anordnung ist vom verwendeten Koordinatensystem und seiner Ausrichtung abhängig, und unterschiedliche Beobachter können verschiedenartige Ergebnisse erhalten. Das Intervall, das zwei Ereignisse in der vierdimensionalen Raum-Zeit voneinander trennt, ist jedoch absolut. Es ist für einen stehenden Beobachter und einen mit konstanter Geschwindigkeit bewegten (relativ zu einem nichtbewegten) Beobachter gleich.

Für Beobachter, die die Erde mit annähernder Lichtgeschwindigkeit verlassen, sind die räumlichen und zeitlichen Elemente des Intervalls sehr unterschiedlich. Ein Beobachter könnte beispielsweise annehmen, dass die Zeit die beiden Ereignisse in 200 Jahren trennt, während ein anderer schließen könnte, dass die beiden Ereignisse gleichzeitig stattfinden. Seine Wahrnehmung des räumlichen Elements

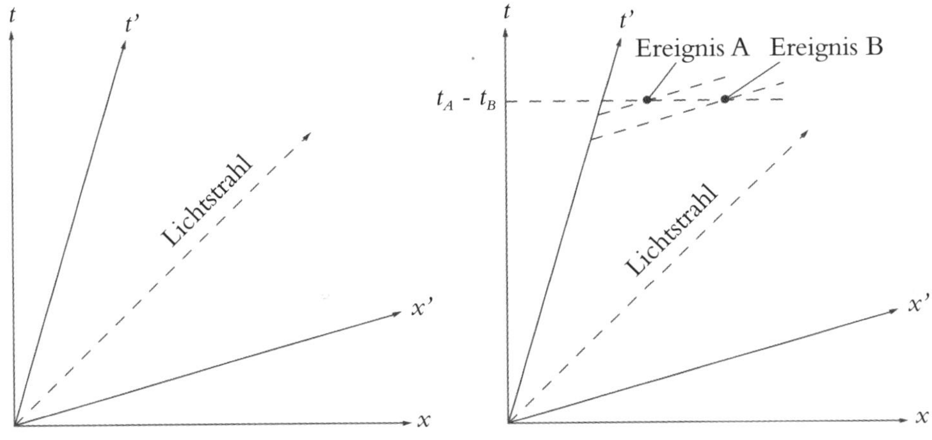

Die Achse t stellt die Zeit und die Achse x den Raum dar. Die Achsen am rechten Winkel sind ein ruhendes System, wohingegen die Achsen mit einem kleineren Winkel ein System in Bewegung sind. Das System in Bewegung ist gegen den hellen Strahl geneigt. Im ruhenden System werden Beobachter die Ereignisse A und B zur selben Zeit sehen, aber im bewegten System werden sie glauben, dass Ereignis B vor Ereignis A stattfindet.

und des zeitlichen Elements unterscheidet sich von der unsrigen ganz wesentlich. Die Geometrie der Raum-Zeit ist seltsam. Im vierdimensionalen Raum erscheint der Abstand zwischen zwei Punkten (dem Intervall zwischen zwei Ereignissen) invariabel, aber seine beiden Elemente können sich darin ändern.

Drei Jahre, nachdem Einstein seine erste Arbeit zu diesem Thema veröffentlicht hatte, vereinfachte Hermann Minkowski die Theorie, indem er eine geometrische Interpretation vorschlug, die die seltsamen Berechnungen Einsteins berücksichtigte. Natürlich verwendete Minkowski nicht die euklidische Geometrie. Vielmehr wendete er eine der wichtigsten Ideen von Riemann an, nämlich dass die Natur des mathematischen Raums durch die Art und Weise festgelegt ist, in der Distanz gemessen wird. Aus diesem Grund bestimmt die Formel für die Distanz die Art der Geometrie.

Angenommen, die Koordinaten, die zwei Ereignisse darstellen, sind:

$$(x_1, y_1, z_1, t_1) \text{ und } (x_2, y_2, z_2, t_2).$$

In der Minkowski-Geometrie wird das Intervall I zwischen ihnen dann berechnet mit der Formel:

$$I = \sqrt{c^2(t_2 - t_1)^2 - (x_2 - x_1)^2 - (y_2 - y_1)^2 - (z_2 - z_1)^2}\,.$$

Dabei ist *c* die Lichtgeschwindigkeit. Würden sich die Punkte dagegen im vierdimensionalen euklidischen Raum befinden, würde ihr Abstand berechnet mit:

$$I = \sqrt{c^2(t_2 - t_1)^2 + (x_2 - x_1)^2 + (y_2 + y_1)^2 + (z_2 + z_1)^2}.$$

Die zweite Formel ist eine direkte Verallgemeinerung des Satzes von Pythagoras für die euklidische Ebenengeometrie, die erste, mit ihren negativen Vorzeichen, dagegen nicht.

Allgemeine Relativität

Zehn Jahre nach der Veröffentlichung der *Speziellen Relativitätstheorie* veröffentlichte Einstein seine *Allgemeine Relativitätstheorie* und nahm die Welt der Wissenschaft wieder im Sturm ein. Seine revolutionären Gedanken beinhalteten die Idee, dass der Raum gekrümmt sei. Die genaue Bedeutung dieser kontroversen Aussage ist, dass Lichtstrahlen, die immer den kürzesten Weg nehmen, nicht in geraden Linien verlaufen, sondern sich biegen, um die kürzesten Abstände im gekrümmten Raum zu suchen. Lichtstrahlen biegen sich in unterschiedlichem Ausmaß abhängig von dem Raum, auf den sie treffen – in einem starken Gravitationsfeld biegen sie sich stärker.

Dieses Phänomen wurde 1919 während einer vollständigen Sonnenfinsternis experimentell demonstriert. Bei der kompletten Finsternis liefen Lichtstrahlen von einem entfernen Stern sehr nah an der Sonne vorbei und konnten detailliert untersucht werden. Einstein hatte Recht, die Lichtstrahlen waren gebogen, und es wurde auch gezeigt, dass die Vorhersagen des Genies sehr nah an den Berechnungen mit den realen Daten aus der Beobachtung lagen. Gerade Linien in der Geometrie der allgemeinen Relativität unterscheiden sich von den geraden euklidischen Linien.

Welche der Geometrien, die wir in diesem Buch betrachtet haben, hat Einstein nun verwendet? Wie immer in der Welt der nichteuklidischen Geometrien gibt es keine einfache Antwort. Zunächst wird das Konzept des gekrümmten Raums aus der elliptischen Geometrie übernommen, wobei eine gerade Linie durch das Universum auf sich selbst zurückgelangt. Dann hat Einstein eine Variante der Minkowski-Geometrie eingesetzt, in der sich die Formel für die Distanz abhängig von den physikalischen Anforderungen von einem Punkt im Universum zum anderen ändert, abhängig von der Stärke des Gravitationsfelds. In einer berühmten Vorlesung von 1921 zollte Albert Einstein diesen nichteuklidischen Geometrien Tribut:

„Ich lege größten Wert auf diese Interpretationen der Geometrie; hätte ich sie nicht gekannt, hätte ich die Relativitätstheorie nicht entwickeln können."

Die Relativität von Materie und Raum

Darüber hinaus wäre Einstein womöglich nicht zu seiner Relativitätstheorie gelangt, hätte es nicht ein maßgebliches Experiment gegeben, das Albert Michelson (1852-1931) und Edward Morley (1838-1923) durchgeführt haben. Diese beiden Physiker versuchten, das Vorhandensein einer Substanz zu bestimmen, das sie als „Äther" bezeichneten, und von der sie annahmen, dass sie Licht und elektromagnetische Strahlung im leeren Raum übermittle. Schallwellen bewegen sich nicht im Vakuum. Sie brauchen ein Medium wie Luft oder Wasser, wodurch wir auch die Schallgeschwindigkeit messen können. Aus diesem Grund waren die Wissenschaftler im 19. Jahrhundert der Meinung, dass Lichtwellen, die das Vakuum des Raums durchlaufen, auch durch ein Medium fließen, das noch nicht entdeckt worden war.

In dem Experiment ging es darum, die Zeit zu messen, die ein Lichtstrahl braucht, um zu einem Spiegel zu gelangen, und von diesem reflektiert zu werden. Zunächst wurde der Lichtstrahl in der Rotationsrichtung der Erde ausgerichtet, sodass, wenn er zum Spiegel hin verlief, der Geschwindigkeit des Planeten die Lichtgeschwindigkeit hinzuaddiert wurde, während sie bei ihrer Rückkehr davon subtrahiert wurde, sodass die Wirkung auf den Äther gemessen werden können sollte. Auf diese Weise würde die Erddrehung sich nicht auf die vom Licht zurückgelegte Strecke auswirken.

Stellen wir uns eine ähnliche Situation vor. Wir stehen vor einem Fluss, der die Breite d hat, und wollen ein Schwimmexperiment durchführen. Statt einen Lichtstrahl zu reflektieren, schwimmen wir über den Fluss und zurück. Die Geschwindigkeit c, mit der wir schwimmen, entspricht der Lichtgeschwindigkeit, und die Geschwindigkeit v der Flussströmung entspricht der Erdrotation.

Wir können eine Analogie zum Michelson-Morley-Experiment einrichten, wenn wir zuerst eine feste Distanz d mit dem Strom schwimmen, und dann gegen ihn. Wir nehmen die Zeit t_1, wie lange wir mit dem Strom schwimmen, und t_2, wie lange wir gegen ihn schwimmen. Wenn wir mit dem Strom schwimmen, tun wir dies in der Geschwindigkeit c, bewegen wir uns aber im Hinblick auf das Ufer, haben wir die Geschwindigkeit $(c + v)$. Schwimmen wir analog dazu gegen den Strom, bewegen wir uns tatsächlich mit der Geschwindigkeit $(c - v)$. Unter Verwendung der zu Grunde liegenden Formel, Distanz = Geschwindigkeit mal Zeit, erhalten wir $d=(c+v)t_1$ und $d=(c-v)t_2$. Die Zeit, die es dauert, über den Fluss und zurück zu schwimmen, ist

$$t_{hin/rück} = t_1 + t_2 = t_1 + t_2 = \frac{d}{c+v} + \frac{d}{c-v} = \frac{2dc}{(c+v)(c-v)} = \frac{2\frac{d}{c}}{1-\frac{v^2}{c^2}}.$$

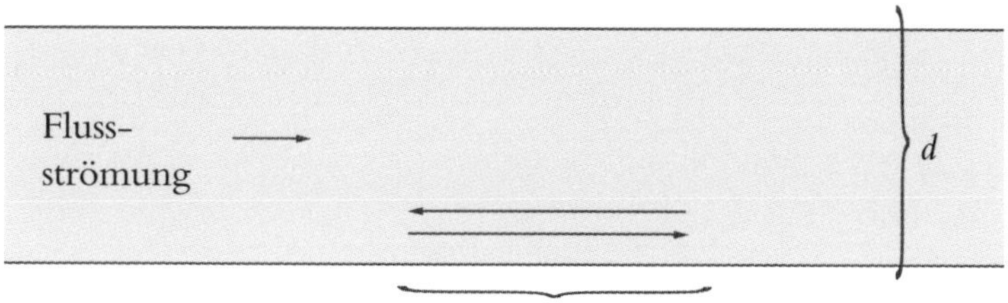

(a)

A. Der Schwimmer schwimmt mit und gegen den Strom.

(b)

B. Der Schwimmer schwimmt über den Fluss und zurück an den Ausgangspunkt.

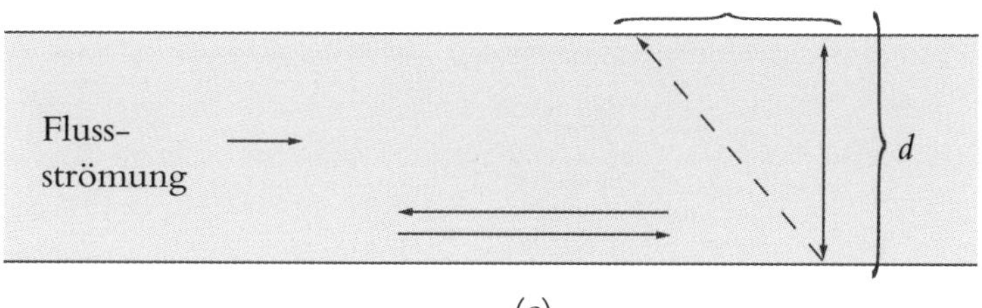

(c)

C. Um wieder den Ausgangspunkt zu erreichen, muss der Schwimmer gegen den Strom schwimmen.

Diese Ergebnisse können anhand eines numerischen Beispiels überprüft werden. Stellen wir uns vor, unser Fluss ist 500 m (0,5 km) breit, wir schwimmen mit einer Geschwindigkeit c = 2 km/h und die Strömung des Flusses bewegt sich mit v = 1 km/h. Unter Verwendung dieser Zahlen brauchen wir 1/6 Stunde, um den Fluss zu überqueren, wenn die Strömung zu unseren Gunsten verläuft, und eine halbe Stunde gegen die Strömung, d. h. insgesamt 2/3 Stunde (ca. 0,67 Stunden).

In der zweiten Anordnung von Michelson und Morley schwimmen wir auf die andere Seite des Flusses und kehren an den Ausgangspunkt zurück. Um wieder an diesen Punkt zu gelangen, müssen wir gegen den Strom schwimmen. Aus diesem Grunde schwimmen wir nicht nur über die Breite des Flusses, sondern auch für die Distanz gegen den Strom, über die uns der Fluss mit stromabwärts nimmt. Wir müssen die ganze Zeit gegen die Strömung ankämpfen, deshalb bringt uns nur ein Teil unseres Aufwands an das andere Ufer. Wir schwimmen also entlang der Hypotenuse eines rechtwinkligen Dreiecks und werden entlang einer der anderen Seiten des Dreiecks stromabwärts gezogen.

Sei die Zeit für die Überquerung des Flusses t_0. Die Beziehung zwischen der Länge unseres Wegs und der Zeit, die dafür notwendig ist, ergibt sich aus dem Satz des Pythagoras:

$$(ct_0)^2 = (vt_0)^2 + d^2.$$

Formen wir diese Gleichung um, erhalten wir:

$$c^2t_0^2 - v^2t_0^2 = d^2$$

$$t_0^2 = \frac{d^2}{c^2 - v^2}$$

$$t_0 = \frac{d}{c\sqrt{1 - \frac{v^2}{c^2}}}.$$

Die Zeit für die Rückkehr ist dieselbe, die Gesamtzeit ist also:

$$t_{hin/rück} = \frac{2\frac{d}{c}}{\sqrt{1 - \frac{v^2}{c^2}}}.$$

Wir können diese Ergebnisse unter Verwendung derselben numerischen Werte überprüfen wie für die vorherige Situation. Wir stellen also fest, dass der Weg über den Fluss $\frac{1}{\sqrt{3}} \approx 0{,}577$ Stunden dauert.

Beachten Sie, dass sich die Zeiten für die beiden Wege unterscheiden. Die Zeit für den Weg in die Bewegungsrichtung ist um $\frac{1}{\sqrt{1 - \frac{v^2}{c^2}}}$ länger.

Das Michelson-Morley-Ergebnis erbrachte ein anderes Resultat. Die Zeit, die in ihren beiden Experimenten aufgezeichnet wurde, war gleich. Dieses überraschende Ergebnis entstand nicht aufgrund eines Messfehlers oder eines Fehlers im Entwurf des Experiments. Sie haben es mit der größtmöglichen Präzision ausgeführt, und niemand konnte einen Fehler erkennen. Was war falsch an der Theorie? Die Wissenschaftler machten sich Gedanken.

Anschließend kam man auf eine geniale Idee: In gewisser Weise verursachte die Geschwindigkeit der Erddrehung eine „Kontraktion der Länge in die Bewegungsrichtung" um genau die richtige Menge, um die Zeitdifferenz zu kompensieren und dafür zu sorgen, dass die Ergebnisse von Michelson-Morley identisch waren. Ein Planet, der sich mit annähernder Lichtgeschwindigkeit bewegen würde, würde in die Bewegungsrichtung abgeflacht, sodass er eher wie ein Pfannkuchen aussehen würde. Eine Länge l' in Bewegungsrichtung stünde zu einer Länge l in Richtung senkrecht zur Bewegung in der folgenden Beziehung:

$$l' = l\sqrt{1-\left(\frac{v}{c}\right)^2} = \frac{l}{\gamma}\,.$$

Dabei ist

$$\gamma = \frac{1}{\sqrt{1-\left(\frac{v}{c}\right)^2}}\,.$$

Man spricht auch vom Lorentz-Fitzgerald-Faktor.

Die Lichtgeschwindigkeit ist sehr hoch (3×10^{10} cm/s), deshalb ist der Wert des Lorentz-Fitzgerald-Faktors fast 1, bis sich v etwa 10 % der Lichtgeschwindigkeit annähert.

Warum konnten Michelson und Morley diese Abflachung in Bewegungsrichtung nicht erkennen? Weil Lineale, die in Richtung der Erdbewegung platziert werden, ebenfalls schrumpfen. Die Theorie der Kontraktion konnte mit direkten Messungen nie bewiesen werden.

Wenn wir ein Hochgeschwindigkeitsfoto ansehen, sehen wir dann einen Ball, der sich mit annähernder Lichtgeschwindigkeit bewegt, abgeflacht wie einen Pfannkuchen? Nein. Nicht einmal ein Bild, das die Bewegung einfriert, würde uns diese Kontraktion zeigen. Warum? Die Erklärung ist, dass die optische Verzerrung die Abflachung kompensiert.

Das menschliche Auge (und ein Kameraobjektiv) funktionieren, weil sie Lichtpartikel erfassen, Photonen, die von Objekten reflektiert werden. Licht, das von sehr weit entfernten Objekten kommt, braucht lange Zeit, bis es unsere Augen erreicht – von der Sonne beispielsweise braucht das Licht 8 Minuten, und das Licht eines weit entfernten Sterns wurde möglicherweise vor mehreren Millionen Jahren abgestrahlt. Wenn sich ein Objekt bewegt, sehen wir ein Bild der näher gelegenen Teile gleichzeitig mit den weiter entfernten Teilen, obwohl das erste Bild etwas früher Licht abgestrahlt hat. Diese Zeitdifferenz hängt mit der Tatsache zusammen, dass die Lichtgeschwindigkeit endlich ist. Ein Objekt sieht deshalb in Bewegungsrichtung in die Länge gezogen aus. Dieser Dehnungseffekt kompensiert die Kontraktion in unserer Wahrnehmung.

Die Theorie der Lorentz-Fitzgerald-Kontraktion basierte auf einer komplizierten Idee, wie Materie mit Äther zusammenwirkt, aber letztlich musste die Wissenschaftsgemeinde einsehen, dass diese Substanz nicht existiert.

24 Jahre nach dem Experiment von Michelson-Morley erkannte Einstein, dass die Lichtgeschwindigkeit nicht von der Bewegung einer Quelle oder eines Beobachters beeinflusst wird. Im Experiment von Michelson-Morley kann die Geschwindigkeit auf der Erde nicht zur Lichtgeschwindigkeit addiert oder von dieser subtrahiert werden. Die Theorie von Einstein sagt dieselbe Zeit, $2d/c$, für die Rückkehr voraus, unabhängig vom Standort ihrer Ausrüstung.

Darüber hinaus gestattet uns die Relativitätstheorie auch, eine Kontraktion in der Länge in die Richtung der relativen Bewegung vorherzusagen, und zwar genau um die Summe des Lorentz-Fitzgerald-Faktors. In der Erklärung des Michelson-Morley-Experiments hat diese relativistische Kontraktion jedoch nichts mit dem Äther oder der Theorie von Lorentz zu tun. Nach der Theorie von Einstein war überhaupt kein Äther notwendig. Der Grund für die relativistische Kontraktion der Länge ist in der Relativitätstheorie selbst zu finden, in der relativen Bewegung des Objekts und des Beobachters. Die Länge eines Objekts, das sich mit annähernder Lichtgeschwindigkeit bewegt, zieht sich in die Richtung zusammen, in die es sich bewegt (obwohl der Effekt nicht sichtbar ist, wie wir bereits erklärt haben). Für jemanden, der sich zusammen mit dem bewegten Objekt bewegt, hätte es den Anschein, als wären wir es, die sich mit annähernder Lichtgeschwindigkeit bewegen, und die in unsere scheinbare Bewegungsrichtung abgeflacht wie ein Pfannkuchen werden.

Eine weitere Konsequenz der Relativität ist, dass sich zusammen mit der Bewegung auch die Zeit zusammenzieht. Betrachten Sie zwei Beobachter, die sich mit einer konstanten Geschwindigkeit v in Bezug zueinander bewegen. Jeder von ihnen sieht, dass die Uhr des anderen langsamer läuft als die eigene, nämlich um den Faktor γ. Dieses seltsame Ergebnis wird auch als „Zeitparadoxon" bezeichnet.

Literaturverzeichnis

DEVLIN, K.: *The Language of Mathematics*, New York, Freeman & Co., 1988.

EUKLID: Euclid's *Elements*, Übersetzt von Thomas L. Heath, Santa Fe, Green Lion Press, 2002.

EVES, H.: *Fundamentals of Modern Elementary Geometry*, Sudbury, MA, Jones and Bartlett Publishers, Inc, 1992.

FABER, R.L.: *Foundations of Euclidean and Non-Euclidean Geometries*, New York, Dekker, 1983.

GARFUNKEL, S. (coord. COMAP): *For All Practical Purposes*, New York, Freeman, 2008.

GREENBERG, M.J.: *Euclidean and Non-Euclidean Geometries*, New York, Freeman, 1993.

JACOBS, H.R.: *Geometry*, New York, Freeman, 2003.

KRAUSE, E.F.: *Taxicab Geometry,* New York, Dover, 1988.

PARKER, S.: *Albert Einstein and the Laws of Relativity*, New York, Chelsea House Publishers, 1994.

SMART, J.R.: *Modern Geometries*, California, Brooks/Cole, Pacific Grove, 1988.

Register